Die

Bücher des Apollonius von Perga

# DE INCLINATIONIBUS

wiederhergestellt von

S a m. H o r s l e y

nach dem Lateinischen frey bearbeitet

v o n

Dr. W. A. Diesterweg

ordentlichem Professor der Mathematik an der königl. preuſs. Rheinuniversität.

Mit 19 Steintafeln.

B e r l i n

v e r l e g t v o n G. R e i m e r

1 8 2 3.

Dem

Hochwürdigen Herrn

# Jacob Wilhelm Grimm

Doctor der Theologie, Generalsuperintendenten
und geheimem Consistorialrathe in Dillenburg

in dankbarer Verehrung gewidmet

von dem Verfasser.

# Vorrede.

Als **Hindenburg** die **Camerer**'sche Uebersetzung der Bücher des Apollonius von Perga über die ebenen Oerter anzeigte, schrieb er unter anderem folgendes:

„Dafs tiefere Kenntnifse der so vortrefflichen „geometrischen Analysis der Alten unter uns „seltener sind, als man wohl wünschen sollte, „davon ist gewifs eine der erheblichsten Ur-„sachen diese: dafs man so wenige, fast gar „keine brauchbare und leicht zu habende Hand-„ausgaben solcher Schriften hat, die dazu Anlei-„tung geben, andere Ausgaben aber theils zu „selten, theils zu kostbar sind, als dafs gerade „diejenigen sich solche anschaffen könnten, die „am meisten daraus Nutzen ziehen würden. Und „so wird mancher gute Kopf zu frühzeitig in „die Algebra hineingeführt, der mit weit grös-„serem Vortheil noch einige Zeit beym Euklides „und Archimedes und Apollonius verweilte, und „seinen Verstand durch die scharfsinnigen Me-„thoden und Wendungen dieser Geometer ge-„schärft und ausgebildet hätte. Was das auf „sich habe, können freilich nur diejenigen recht „übersehen, die von beiden Seiten urtheilen. „Für andere kann es genug seyn, hier anzu-„führen, dafs selbst Neuton es in der Folge „bereut habe, dafs er in den ersten Jahren seines „mathematischen Fleifses zu geschwind zu den

„Werken des Cartesius und anderer Algebraisten „übergegangen, bevor er die Methoden des Euklides und anderer alten Geometer recht reiflich „erwogen und sich eigen gemacht.

„Was von der Vortrefflichkeit der alten „Geometrie und Analysis, und der Nothwendigkeit, sich mit ihr zu beschäftigen, hier gesagt „worden ist, hat keineswegs die Absicht, die „Analysis der Neueren herabzusetzen, die die „geometrischen Untersuchungen nicht selten ungemein erleichtert, in einem einzigen Ausdrucke „oft unzählige Fälle zusammenfaſst, und wodurch „überhaupt das Gebiet der Geometrie, so wie „deren Anwendung auf wirkliche Gegenstände, „so beträchtlich und so glücklich ist erweitert „worden, daſs die Alten über die Eroberungen, „die man, mit diesen Waffen in der Hand, in „so kurzer Zeit gemacht hat, billig erstaunen „würden. Ich behaupte nur, daſs man diese „Waffen nicht recht glücklich führen kann, „wenn man sich nicht bis auf einen gewissen „Grad stark genug dazu fühlt. Das zu bewirken, „ist unstreitig die Geometrie der Alten am meisten „geschickt. Sie bereichert den Verstand mit „mannichfaltigen Kenntniſsen und Methoden auf „dem Wege der anschaulichen Evidenz, und „sichert dadurch den Besitz derselben um so „zuverläſsiger. Und da das Verfahren der neueren „Analysis sich zum Theil auf jenes der älteren „gründet, so wird man auch die Ausdrücke und „Formeln besser gebrauchen und sicherer anwenden lernen, durch welche die weitläuftigeren „Schlüſse der letzteren, in jener so beträchtlich „abgekürzt und zusammengezogen werden."

Als Hachette den zweiten Anhang der *Géometrie descriptive* von Monge herausgab, liefs er eine Uebersetzung der von John Leslie in Edinburg herausgegebenen geometrischen Analysis folgen, weil er die Ueberzeugung gewonnen hatte, dafs das Studium dieser Wissenschaft dem Studium der *Geometrie descriptive* vorausgehen müfse.

Lagrange, jener grofse Analytiker der neueren Zeit, sagt in den *Mem. de Berlin* 1770., dafs die geometrische Methode der Alten in einigen Fällen der algebraischen Analysis vorzuziehen sey, sowohl wegen ihrer einleuchtenden Darstellungsart, als wegen der Eleganz und Leichtigkeit ihrer Auflösungen, es gebe sogar Fälle, wo die algebraische Analysis unzureichend, und die geometrische Methode allein anwendbar scheinen könnte.

Dies für diejenigen, bey welchen das Studium der Werke des grofsen Geometers der Alten, Apollonius von Perga, einer Empfehlung durch berühmte Namen bedarf.

---

Die Schrift des Apollonius *de inclinationibus* gehört mit zu den verloren gegangenen dieses Geometers. Das wenige, was Pappus in seinen *collectionibus mathem. lib. VII.* darüber berichtet und daraus aufbewahrt hat, ist alles, was man über den Inhalt dieser Schrift weifs. Das Interesse, welches die auf uns gekommenen Schriften des Apollonius erwecken, veranlafste mehrere Mathematiker, eine Wiederherstellung dieser Schrift zu versuchen. Am glücklichsten waren Sam. Horsley und Reuben Burrow, wovon jener eine Schrift

*Apollonii Pergaei Inclinationum Libri duo, Oxonii* 1770.

dieser eine Schrift

*A restitution of the Geometrical Treatise of Apollonius Pergaeus on Inclinations, London* 1779.

herausgab, welche in Inhalt, Behandlung und Darstellung sehr mit einander übereinstimmen.

Ich gebe hier die Schrift von Horsley, als die ausführlichere, in einer freyen Bearbeitung, nicht einer Uebersetzung. Ich habe überall vollständige Constructionen und Beweise gegeben, welche bey Horsley entweder ganz fehlen, oder nur angedeutet worden sind, habe hin und wieder einen anderen Gang zur Angabe der Determination, Construction und des Beweises gewählt, wie er mir der Sache mehr angemessen schien, auch Anmerkungen und Zusätze hinzugefügt.

Bonn im Oct. 1822. Diesterweg.

# Des APOLLONIUS von PERGA

## Erstes Buch

## DE INCLINATIONIBUS.

---

### Aufgabe I. (Fig. 1. 2. 3.)

Von einem in der Ebene eines der Lage und Gröſse nach gegebenen Kreises ABC, auſserhalb, oder innerhalb desselben, gegebenen Punkte D eine gerade Linie DB durch den Kreis zu ziehen, deren in denselben fallendes Segment BE gleich der gegebenen geraden Linie N sey.

### Analysis.

Es sey BE die gesuchte Linie. Macht man FGE=R, und zieht FE, so ist EG=½BE (Eucl. El. III. 3.), also EG eine gegebene gerade Linie. Da auch FE (p. hyp.) gegeben ist, so ist Eukl. Dat. 60. *) FG der Gröſse nach, somit (Dat. Def. 7.) ein aus F als Mittelpunkt mit einem Radius = FG beschriebener Kreis der Lage und Gröſse nach gegeben. Und da wegen des rechten Winkels DGF die

---

*) Die Citate der Data von Euklid beziehen sich auf die von Schwab besorgte Ausgabe. Stuttgart 1780.

Linie DG eine Tangente dieses Kreises ist (El. III. 16.), so ist DG der Lage nach gegeben (Dat. 94.), gleichwie die Durchschnittspunkte B,E mit dem (p. hyp.) gegebenen Kreise (Dat. 28.) gegeben sind.

### Determination.

In Fig. 1. 2. 3. muſs $N \leqq AC$ seyn (El. III. 15.). In Fig. 2. 3. muſs überdieſs, damit von D eine Tangente an den aus F als Mittelpunkt mit einem Radius $= DG$ beschriebenen Kreis gezogen werden könne,

$$FG \leqq FD$$

$$\left.\begin{array}{r} \text{also } FG^2 \\ \text{(El. I. 47.) } FE^2 - EG^2 \\ EF^2 - \tfrac{1}{4}N^2 \end{array}\right\} \leqq FD^2$$

$$\left.\begin{array}{l} \text{folglich } \left.\begin{array}{r} EF^2 \\ FH^2 \end{array}\right\} - FD^2 \\ DH^2 \end{array}\right\} \leqq \tfrac{1}{4}N^2$$

$$\text{mithin } DH \leqq \tfrac{1}{2}N$$

somit $HK \leqq N$ seyn.

### Construction und Beweis.

Man ziehe durch D und den Mittelpunkt F des gegebenen Kreises die gerade Linie DF, welche den Kreis in A,C schneide, lege von A aus in denselben eine Sehne $= N$, welches (Det.) geschehen kann. Ist $N = AC$, so ist AC die gesuchte Linie. Ist $N < AC$, so fälle man von F auf die Sehne AP, wenn $AP = N$, ein Perpendikel FQ, beschreibe aus F als Mittelpunkt einen Kreis mit einem Radius $= FQ$, und lege an denselben von D aus eine Tangente DG, welches in Fig. 1. immer geschehen kann.

$$\text{In Fig. 2. ist } HK \overset{=}{<} N$$

$$\text{also } DH \overset{=}{<} \tfrac{1}{2}N$$

$$\text{folglich } \left.\begin{matrix} DH^2 \\ HF^2 - FD^2 \end{matrix}\right\} \overset{=}{<} \left\{\begin{matrix} \tfrac{1}{4}N^2 \\ AQ^2 \\ AF^2 - FQ^2 \end{matrix}\right.$$

$$\text{mithin } FD^2 \overset{=}{>} FQ^2$$

$$\text{somit } FD \overset{=}{>} FQ$$

Ist DF=FQ (Fig. 3.), so ist HK die gesuchte Linie (El. III. 14.). Ist FD>FQ, so lege man von D aus eine Tangente an den zuletzt beschriebenen Kreis, welches geschehen kann.

Sind in Fig. 1. 2. B,E die Durchschnittspunkte derselben mit dem über AC beschriebenen Kreise, so ist BE die gesuchte Linie. Denn es ist

$$EGF = FQA \text{ (El. III. 18.), } GF = FQ$$

$$\text{also } EB = \left\{\begin{matrix} AP \text{ (El. III. 14.)} \\ N \end{matrix}\right.$$

Anm. 1. Da von einem ausserhalb eines Kreises gelegenen Punkte zwey Tangenten an denselben sich ziehen lassen, so giebt es in Fig. 1. 2. zwey Linien, welche der Aufgabe Genüge thun.

Anm. 2. Aus Lehns. 1. 2., welche in *Pappi Collect. mathem. lib. VII. Bonon.* 1660. *pag.* 305. enthalten sind, scheint hervorzugehen, daſs Apollonius diese Aufgabe auf anderem Wege aufgelöst habe, nach folgender Analysis.

Es sey DEB die gesuchte Linie, so ist, wenn durch den Mittelpunkt F die den Kreis in A,C schneidende gerade Linie DA gezogen wird, BD.DE =AD.DC (El. III. 36. Cor.). Da AD, DC gegeben sind (Dat. 28.), so ist AD.DC, somit BD.DE, und da BE=BD−DE (Fig. 1.), oder BE=BD+DE (Fig. 2.) gegeben ist, BD der Gröſse nach (Dat. 85. oder 86.), somit DB der Lage nach (Dat. 28.) gegeben.

### Aufgabe II. (Fig. 4—16.)

Von dem gegebenen Endpunkte A des Durchmessers AB eines der Lage und Gröſse nach gegebenen Kreises eine gerade Linie durch den Kreis zu ziehen, deren zwischen denselben und eine in einem gegebenen Punkte auf jenem Durchmesser perpendikulare gerade Linie fallendes Segment CF der gegebenen geraden Linie N gleich sey.

#### Fall 1. (Fig. 4.)

Der gegebene Punkt liegt in dem anderen Endpunkte B des Durchmessers AB.

#### Analysis.

Es sey CF die gesuchte Linie. Zieht man BC, so ist △ABF ∾ △ACB (El. IV. 4.)

also FA:AB=BA:AC

folglich FA.AC=$AB^2$ (El. VI. 17.)

Da nun AB, also auch $AB^2$ gegeben ist, so ist FA.AC, und weil FA−AC=FC=N gegeben ist, AF der Gröſse nach (Dat 85.) und (Dat. 34.) der Lage nach gegeben.

Construction.

Man nehme BG=N, beschreibe über BG als Durchmesser einen Kreis, dessen Mittelpunkt D sey, ziehe durch A,D eine gerade Linie, welche den über BG beschriebenen Kreis in H,E schneide, und beschreibe aus A als Mittelpunkt einen Kreis mit einem Radius = der gröſseren Linie AE, welcher die Linie BF in F schneide, so ist CF die gesuchte Linie.

Beweis.

Zieht man BC, so ist $\triangle AFB \sim \triangle ABC$

also FA:AB=BA:AC

folglich $FA.AC = AB^2$ (El. VI. 17.)

$= EA.AH$ (El. III. 36.)

mithin FA:AE=HA:AC (El. VI. 16.)

somit HA=AC

also $\left.\begin{matrix} EA-AH \\ HE \\ BG \\ N \end{matrix}\right\} = \left\{\begin{matrix} FA-AC \\ FC \end{matrix}\right.$

Anm. Da der aus A als Mittelpunkt mit einem Radius = AE beschriebene Kreis die Linie BF zweimal schneidet, so giebt es eine zweite Linie mit der gegebenen Eigenschaft.

Fall 2. (Fig. 5—15.)

Der gegebene Punkt liegt in der Verlängerung des Durchmessers AB

A) über den Punkt B hinaus (Fig. 5. 6.).

## Analysis.

Es sey FC die gesuchte Linie. Zieht man BC, so ist $\triangle ADF \backsim \triangle ABC$ (El. VI. 4.)

also $FA:AD = BA:AC$

folglich $FA.AC = BA.AD$ (El. VI. 16.)

Da wegen der (p. hyp.) gegebenen BA,AD das Rechteck FA.AC der Gröſse nach gegeben ist, so ist, da $FA - AC = CF = N$ gegeben ist, FA (Dat. 85.) der Gröſse und (Dat. 34.) der Lage nach gegeben.

## Determination.

$$\text{Es ist } \left.\begin{array}{l} FA > AD \\ AC < AB \end{array}\right\} \text{(El. I. 19.)}$$

$$\text{also } \left.\begin{array}{c} FA - AC \\ CF \end{array}\right\} > \left\{\begin{array}{c} DA - AB \\ BD \end{array}\right.$$

folglich muſs $N \geqq BD$ seyn.

## Construction.

Man mache $BO = OD$, beschreibe über AO einen Halbkreis, lege in denselben die Sehne $HO = OB$, ziehe AH, auf der Verlängerung von OH nehme man $KH = N$, über KH als Durchmesser beschreibe man einen Kreis, dessen Mittelpunkt L sey, durch A,L ziehe man eine gerade Linie, welche in M,R den über KH beschriebenen Kreis schneide, und beschreibe aus A als Mittelpunkt mit einem Radius = AR einen Kreis. Die gerade Linie, welche den Punkt A mit dem Punkte verknüpft, in welchem dieser Kreis die gerade Linie DF erreicht, wird das Verlangte leisten.

**Beweis.**

$$\text{Es ist }\left.\begin{matrix}BD\\ DA-AB\end{matrix}\right\}\overset{=}{<}\left\{\begin{matrix}N\text{ (Det.)}\\ MR\\ RA-AM\end{matrix}\right.$$

$$\text{also }(DA-AB)^2\overset{=}{<}(RA-AM^2)$$

$$\text{Es ist aber } RA.AM = AH^2 \text{ (El. III. 36.)}$$

$$= AO^2 - \left\{\begin{matrix}OH^2 \text{ (El. III. 31. I. 47.)}\\ OB^2 \text{ (Constr.)}\end{matrix}\right.$$

$$= DA.AB \text{ (El. II. 6.)}$$

$$\text{also}\left.\begin{matrix}(DA-AB)^2+4DA.AB\\ (DA+AB)^2\end{matrix}\right\}\overset{=}{<}\left\{\begin{matrix}(RA-AM)^2+4RA.AM\\ (RA+AM)^2 \text{ (El. II. 8.)}\end{matrix}\right.$$

$$\text{mithin }\left.\begin{matrix}DA+AB\\ 2AO\end{matrix}\right\}\overset{=}{<}\left\{\begin{matrix}RA+AM\\ 2AL\end{matrix}\right.$$

$$\text{somit } AO\overset{=}{<}AL$$

$$\text{und }\left.\begin{matrix}AO+OD\\ AD\end{matrix}\right\}\overset{=}{<}\left\{\begin{matrix}AL+LR\\ AR\end{matrix}\right.$$

Der aus A als Mittelpunkt mit einem Radius = AR beschriebene Kreis erreicht also die Linie DF in D (Fig. 6.), oder in einem anderen Punkte F (Fig. 5.). Im ersten Fall ist AM=AB, weil RA.AM=DA.AB, und RA=AD,

$$\text{folglich }\left.\begin{matrix}RA-AM\\ MR\\ N\end{matrix}\right\}=\left\{\begin{matrix}DA-AB\\ DB\end{matrix}\right.$$

Im zweiten Fall ist, wenn AF gezogen, und der Punkt B mit dem Durchschnitte C derselben mit dem über AB liegenden Kreise durch eine gerade Linie verknüpft wird, $\triangle AFD \sim \triangle BAC$

also $FA:AD=BA:AC$

folglich $FA.AC=BA.AD$
$=RA.AM$

mithin $CA=AM$

somit $\left.\begin{matrix}FA-AC\\CF\end{matrix}\right\}=\left\{\begin{matrix}RA-AM\\RM\\N\end{matrix}\right.$

B) über den Punkt A hinaus (Fig. 7—15.).

Analysis.

Es sey FC die gesuchte Linie. Zieht man BC, so ist $\triangle AFD \sim \triangle BAC$ (El. VI. 4.)

also $FA:AD=BA:AC$

folglich $FA.AC=BA.AD$ (El. VI. 16.)

Da wegen der gegebenen Linien BA,AD das Rechteck FA.AC der Gröſse nach gegeben ist, so ist, wegen der gegebenen $N=FC=FA+AC$, FA (Dat. 86.) der Gröſse und (Dat. 34.) der Lage nach gegeben.

Determination.

Vermöge El. II. 5. muſs $\frac{1}{4}N^2 \overset{=}{>} \left\{\begin{matrix}BA.AD \text{ seyn,}\\AE^2 \text{ (El. VI. 17.)}\end{matrix}\right.$
wenn $DAE=R$, und E der Durchschnitt der Linie AE mit dem Kreise über BD ist,

also $\frac{1}{2}N \overset{=}{>} AE$.

### Construction und Beweis.

Man beschreibe über BD einen Halbkreis, mache DAE=R, verlängere AE bis zum Durchschnitt mit dem Halbkreise über BD, nehme AG=N, beschreibe über AG einen Halbkreis, und ziehe EH#AB. Es sey

a) DA<AB (Fig. 7—10.). Ist nun

$\alpha$) $AE = \frac{1}{2}N$ (Fig. 7.)

=AM, wenn AM=MG, so berührt (El. III. 18.) EH den über AG beschriebenen Halbkreis in H, wenn AMH=R, und es ist AM>AD (El. II. 5.). Man beschreibe aus A als Mittelpunkt einen Kreis mit einem Radius=AM, welcher also die DF schneidet. Es geschehe in F.

$\beta$) Ist $AE < \begin{cases} \frac{1}{2}N \text{ (Fig. 8. 9. 10.)} \\ AM, \end{cases}$ wenn AM=MG, so schneidet EH den über AG beschriebenen Halbkreis. Es geschehe in H,L. Man fälle von H,K auf AG die Perpendikel HK,LO. Ist nun $DB \left\{\begin{matrix} > \\ = \\ < \end{matrix}\right\} AG$, so ist auch

$$\left.\begin{matrix} \frac{1}{2}DB \\ DQ \end{matrix}\right\} \left\{\begin{matrix} > \\ = \\ < \end{matrix}\right\} \left\{\begin{matrix} \frac{1}{2}AG \\ AM \end{matrix}\right.$$

$$\text{also } \left.\begin{matrix} DQ^2 \\ DA.AB+AQ^2 \end{matrix}\right\} \left\{\begin{matrix} > \\ = \\ < \end{matrix}\right\} \left\{\begin{matrix} AM^2 \\ AK.KG+MK^2 \end{matrix}\right. \text{ (El. II. 5.)}$$

$$\text{folglich } AQ^2 \left\{\begin{matrix} > \\ = \\ < \end{matrix}\right\} MK^2$$

$$\text{mithin } AQ \left\{\begin{matrix} > \\ = \\ < \end{matrix}\right\} MK$$

$$\text{somit } \left.\begin{matrix} AQ+QD \\ AB \end{matrix}\right\} \left\{\begin{matrix} > \\ = \\ < \end{matrix}\right\} \left\{\begin{matrix} AM+MK \\ GK \end{matrix}\right.$$

Es ist aber $DA.AB = AE^2$ (El. VI. 17.)

$= HK^2$ (El. I. 34.)

$= AK.KG$ (El. VI. 17.)

also $AB:GK = KA:AB$

folglich auch $AK \left\{\begin{matrix} > \\ = \\ < \end{matrix}\right\} AB$

Man beschreibe aus A als Mittelpunkt einen Kreis mit einem Radius = AK, welcher die Linie DF in einem Punkte F schneiden (Fig. 8.), berühren (Fig. 9.), nicht erreichen wird (Fig. 10.), je nachdem $DB \left\{\begin{matrix} > \\ = \\ < \end{matrix}\right\} AG$ ist.

Im Fall des Berührens ist DB die gesuchte Linie, wie von selbst erhellet.

Man beschreibe auch einen Kreis aus A als Mittelpunkt mit einem Radius = AO, welcher in den beiden ersten Fällen die Linie DF schneiden wird, weil $AO > AM$. Im dritten ist $AO.OG = BA.AD$

also $OA:AD = BA: \left\{\begin{matrix} OG \\ AK \end{matrix}\right.$

folglich $DA < AO$

mithin schneidet er auch in diesem Fall die Linie DF. Es geschehe in F. Man verbinde B mit dem Durchschnitte $\left\{\begin{matrix} C \\ C' \end{matrix}\right\}$ der verlängerten $\left\{\begin{matrix} FA \\ F'A \end{matrix}\right\}$ und das über AB liegenden Kreises, so ist

$\triangle FAD \sim \triangle BAC$

also $FA:AD = BA:AC$

folglich $FA.AC = BA.AD$

$$=AK.KG$$

mithin $FA:AK=KG:AC$

somit $KG=AC$

also $\left.\begin{matrix}AK+KG\\AG\\N\end{matrix}\right\}=\left\{\begin{matrix}FA+AC\\FC\end{matrix}\right.$

Eben so wird der Beweis für den Punkt F' geführt.

b) Es sey $DA \overset{=}{>} AB$. (Fig. 11—15.)

$\alpha$) Ist nun $AE=\frac{1}{2}N$ (Fig. 11. 12.)
$=AM$, wenn $AM=MG$, so berührt EH den über AG beschriebenen Halbkreis im Punkt H, wenn $AMH=R$, und es ist $AM \overset{=}{<} AD$, je nachdem $DA \overset{=}{>} AB$ Fig. $\left\{\begin{matrix}11.\\12.\end{matrix}\right\}$. Man beschreibe aus A als Mittelpunkt einen Kreis mit einem Radius $=AM$, welcher also die Linie DF in D berührt, oder gar nicht erreicht. Im Fall des Berührens ist DB die gesuchte Linie, wie von selbst erhellet.

$\beta$) Ist $AE<\left\{\begin{matrix}\frac{1}{2}N \text{ (Fig. 13. 14. 15.)}\\AM,\end{matrix}\right.$ wenn $AM=MG$, so schneidet EH den über AG beschriebenen Halbkreis. Es geschehe in H,L. Man fälle von H,L auf AG die Perpendikel HK,LO.

Da $AK.KG=DA.AB$

also $KA:AD=AB:KG$

überdiess $DA \overset{=}{>} AB$, $AK<KG$

so ist $KA<AD$

Beschreibt man also aus A als Mittelpunkt einen Kreis mit einem Radius $=$ AK, so erreicht derselbe die Linie DF nicht.

$$\text{Ist nun } DB \left\{\begin{matrix} > \\ = \\ < \end{matrix}\right\} AG$$

$$\text{so ist auch } \left.\begin{matrix} \frac{1}{2}DB \\ DQ \end{matrix}\right\} \left\{\begin{matrix} > \\ = \\ < \end{matrix}\right\} \left\{\begin{matrix} \frac{1}{2}AG \\ AM \end{matrix}\right.$$

$$\text{also } \left.\begin{matrix} DQ^2 \\ DA.AB+AQ^2 \end{matrix}\right\} \left\{\begin{matrix} > \\ = \\ < \end{matrix}\right\} \left\{\begin{matrix} AM^2 \\ AK.KG+MK^2 \end{matrix}\right. \text{ (El. II. 5.)}$$

$$\text{folglich } AQ^2 \left\{\begin{matrix} > \\ = \\ < \end{matrix}\right\} MK^2$$

$$\text{mithin } AQ \left\{\begin{matrix} > \\ = \\ < \end{matrix}\right\} MK$$

$$\text{somit } \left.\begin{matrix} QA+AD \\ AD \end{matrix}\right\} \left\{\begin{matrix} > \\ = \\ < \end{matrix}\right\} \left\{\begin{matrix} AM+\left\{\begin{matrix} MK \\ MO \end{matrix}\right. \\ AO \end{matrix}\right.$$

Man beschreibe aus A als Mittelpunkt mit einem Radius $=$ AO einen Kreis, welcher also die Linie DF in einem Punkte F schneiden (Fig. 13.), oder berühren (Fig. 14.), oder gar nicht erreichen wird (Fig. 15.).

Im Fall des Berührens ist DB die gesuchte Linie, wie von selbst erhellet.

Im Fall des Schneidens ist, wenn man den Punkt B mit dem Durchschnitte der verlängerten FC und des Kreises über AB durch die gerade Linie BC verknüpft,

$$\triangle FAD \backsim \triangle BAC$$

$$\text{also } FA : AD = BA : AC$$

folglich $FA.AC = BA.AD$
$= AO.OG$

mithin $FA : AO = OG : AC$

somit $OG = AC$

also $\left.\begin{matrix} AO+OG \\ AG \\ N \end{matrix}\right\} = \left\{\begin{matrix} FA+AC \\ FC \end{matrix}\right.$

Anm. Da ein Kreis eine gerade Linie zweimal schneidet, so bestimmt in den Fällen des Schneidens der zweite Durchschnitt eine zweite Linie mit der gegebenen Eigenschaft.

Fall 3. (Fig. 16.)

Der gegebene Punkt liegt auf dem Durchmesser selbst.

### Analysis.

Es sey CF die gesuchte Linie. Zieht man BC,
so ist $\triangle ABC \sim \triangle AFD$

also $BA : AC = FA : AD$

folglich $BA.AD = FA.AC$ (El. VI. 16.)

Da wegen der gegebenen Linien BA, AD das Rechteck FA.AC der Gröfse nach, und $N = FC = CA - AF$ gegeben ist, so ist AF (Dat. 85.) der Gröfse und (Dat. 34.) der Lage nach gegeben.

### Determination.

Für den Fall, dafs CF innerhalb des Kreises liege, ist $BA > AC$ (El. III. 15.), $FA > AD$ (El. I. 19.)

$$\text{also } \left.\begin{matrix}BA-AD\\ BD\end{matrix}\right\} > \left\{\begin{matrix}CA-AF\\ CF\end{matrix}\right.$$

folglich mufs $N \overset{=}{<} BD$ seyn.

### Construction.

Man halbire BD in O, beschreibe über AO einen Halbkreis, lege in denselben die Sehne HO=OD, ziehe AH, auf der verlängerten OH mache man HK =N, beschreibe über HK als Durchmesser einen Kreis, dessen Mittelpunkt L sey, ziehe durch A,L eine diesen Kreis in M,M′ schneidende gerade Linie, und beschreibe aus A als Mittelpunkt Kreise mit Radien =AM,AM′. Die geraden Linien, welche den Punkt A mit den Punkten verknüpfen, in welchen diese Kreise mit der Linie DF zusammenkommen, werden die gesuchten Linien bestimmen.

### Beweis.

$$\begin{matrix}\text{Es ist } M'A.AM\\ \text{(El. II. 6.) } AL^2-LM^2\end{matrix}\left.\vphantom{\begin{matrix}A\\A\end{matrix}}\right\}\begin{matrix}=AH^2 \text{ (El. III. 36.)}.\\ =AO^2-OH^2\end{matrix}$$

$$\text{Nun ist } \left.\begin{matrix}N\\ KH\end{matrix}\right\} \overset{=}{<} BD$$

$$\text{also } LM \overset{=}{<} OD$$

$$\text{und } LM^2 \overset{=}{<} OD^2$$

$$\text{folglich } AL^2 \overset{=}{<} AO^2$$

$$\text{und } AL \overset{=}{<} AO$$

$$\text{mithin } \left.\begin{matrix}AL+LM\\ AM'\end{matrix}\right\} \overset{=}{<} \left\{\begin{matrix}AO+OD\\ AB\end{matrix}\right.$$

Es ist auch $M'A.AM=BA.AD$

also $M'A:AB=DA:AM$

folglich $DA \leqq AM$

Der aus A als Mittelpunkt mit einem Radius $= AM$ beschriebene Kreis berührt also die Linie DF in D, oder schneidet sie in einem Punkte F. Und der aus A als Mittelpunkt mit einem Radius $= AM'$ beschriebene schneidet sie in einem Punkte F'. Im ersten Fall ist BD die gesuchte Linie, wie von selbst erhellet. In den beiden anderen Fällen ziehe man AF, AB und verknüpfe den Punkt B mit den Durchschnitten C, C' dieser Linien und des über AB liegenden Kreises durch die geraden Linien BC, BC'.

Es ist $\triangle BAC \backsim \triangle FAD$ und $BAC' \backsim \triangleleft F'AD$

also $BA:AC=FA:AD$ also $BA:AC'=F'A:AD$

folglich $\left.\begin{matrix} BA.AD \\ M'A.AM \end{matrix}\right\} = FA.AC$ folglich $\left.\begin{matrix} BA.AD \\ M'A.AM \end{matrix}\right\} = F'A.AC'$

mithin $M'A=AC$ mithin $AM=AC'$

somit $\left.\begin{matrix} M'A-AM \\ M'M \\ N \end{matrix}\right\} = \left\{\begin{matrix} CA-AF \\ FC \end{matrix}\right.$ somit $\left.\begin{matrix} M'A-AM \\ M'M \\ N \end{matrix}\right\} = \left\{\begin{matrix} FA-AC' \\ C'F' \end{matrix}\right.$

Anm. Da ein Kreis eine gerade Linie zweimal schneidet, so bestimmen die zweiten Durchschnittspunkte eine zweite Linie mit der gegebenen Eigenschaft.

### Lehnsatz A. (Fig. 17.)

Wenn von einem Winkelpunkte D eines Rhombus, oder Quadrates ABCD zwey gerade Linien DH, DF durch die Schenkel des Nebenwinkels CBH des dem Punkte D gegenüberliegenden Winkels ABC gezogen sind, so ist von den zwischen die Schenkel dieses Nebenwinkels fallenden Segmenten dasjenige, GH, das gröſsere, dessen Verlängerung GD mit der Diagonale DB den gröſseren Winkel bildet.

Beweis.

Bezeichnet man mit E,G die Durchschnittspunkte der Linien HE,DF mit BC,

so ist GB>BE

also GB : BC } > { EB : BC (El. V. 8.)
GH:HD } { EF : FD (El. VI. 2.)

Ferner ist ABD<R (El. I. 29. 34. Cor.)

also DBH>R (El. I. 13.)

folglich auch DFH>R (El. I. 16.)

mithin FD<DH (El. I. 18.)

somit GH : HD<GH : FD (El. V. 8.)

also auch GH : FD>EF : FD *)

folglich GH>ED (El. V. 10.)

Lehnsatz B. (Fig. 17.)

Wenn von einem Winkelpunkte D eines Quadrates, oder Rhombus ABCD durch die Schenkel der beiden Nebenwinkel des dem Punkte D gegenüber liegenden Winkels ABC gerade Linien KD,DH gezo-

*) *Proposit. de ration. inter se diversis demonstrat. edid. Hauber. Tubing.* 1793. §. 7.

gen sind, deren zwischen die Schenkel der Nebenwinkel fallende Segmente LK,GH einander gleich sind, so sind auch die Segmente BL und BG,DL und DG,DH und DK, BK und BH einander gleich.

Beweis.

Sollte nicht BL=BG seyn, so sey BE=BL.

Nun ist LBD=EBD (El. I. 34. Cor.)
auch BD=DB

---

also wäre BLD=BED (El. I. 4.)

---

mithin auch BLK=BEF (El. I. 13.)

Es ist aber LBK=EBF

---

also wäre $\left.\begin{matrix}LK\\GH\end{matrix}\right\}$ =EF (El. I. 26.)

welches unmöglich ist (Lehnsatz A.).

Da also LB=BG, auchBD=DB,LBD=GBD (El.I.8.)

---

so ist LD=DG, BDL=BDG

Ueberdieſs ist LK=GH, DB=BD

---

folglich ist auch KD=DH

---

somit KB=BH

Zus. 1. Die Winkel BDK,BDH sind in der gemachten Voraussetzung ebenfalls einander gleich.

Zus. 2. Da KLB=HGB, so liegen die Punkte K,L,G,H auf dem Umfang eines Kreises, dessen Mittelpunkt wegen El. III. 1. Zus. in der Linie DB, folglich in O liegt, wenn GN=NH, GNO=R gemacht wird.

Da $AD = BG$

so ist $DA : AH = GB : BH$ (El. VI. 2.)

also auch $DA^2 : AH^2 = GB^2 : BH^2$ (El. VI. 22.)

Nun ist $DA^2 < AH^2$ (hyp.)

folglich $\left.\begin{matrix} GB^2 \\ BM^2 + MG^2 \end{matrix}\right\} < \left\{\begin{matrix} BH^2 \\ BM^2 + MH^2 \end{matrix}\right.$

mithin $MG^2 < MH^2$

somit $MG < MH$

also $MG < \left\{\begin{matrix} \frac{1}{2}GH \\ GN \end{matrix}\right.$

somit $DM < DN$

Da nun $MD : DN = BD : DO$

so ist auch $BD < DO$

also liegt O in der Verlängerung von BD.

Aufgabe III. (Fig. 18.)

Von einem Winkelpunkte D eines der Lage und Grösse nach gegebenen Quadrates, oder Rhombus ABCD eine gerade Linie durch die Schenkel des Nebenwinkels des dem Punkte D gegenüberliegenden Winkels B zu ziehen, deren zwischen dieselben fallendes Segment einer gegebenen geraden Linie N gleich sey.

Analysis.

Die gesuchten Linien seyen EF, GH. Vermöge Lehns. B. Zus. 2. liegen H, G, E, F auf dem Umfange eines Kreises, dessen Mittelpunkt K in der Verlängerung von DB liegt.

Es ist auch $GB = BE, GK = KE, BK = KB$

also $GKB = BKE$ (El. I, 8.)

folglich arc.GL=arc.LE (El. III. 26.)

somit DKE=DFB (El. III. 20.)

Auch ist KDE=FDB

mithin KE:ED=FB:BD

Nun ist DE:EF=AB:BF (El. VI. 2.)

also KE:EF=AB:BD (El. V. 23.)

Da AB,BD,EF gegeben sind, so ist KE der Gröſse nach gegeben (Dat. 2.).

Ferner ist KBF=ABD (El. I. 15.)

=DBE (El. I. 8.)

folglich KBE=DBF

=DEK (Bew.)

mithin DK:KE=EK:KB (El. VI. 4.)

somit DK.KB=$EK^2$ (El. VI. 17.)

Also ist DK.KB der Gröſse nach gegeben. Da auch DK—KB=DB gegeben ist, so ist DK der Gröſse nach (Dat. 85.), somit der Punkt K, und da KE der Gröſse nach gegeben ist, der Punkt E, gleichwie der Punkt G gegeben (Dat. 34.), folglich sind DG,DE der Lage nach gegeben.

### Construction.

Man mache BL=N, LM$\parallel$DA, DBN=R, NB=BM, DQ=QB, beschreibe aus Q als Mittelpunkt einen Kreis mit einem Radius = QN, welcher die verlängerte QB in K schneide, ziehe KO$\parallel$BN, NO$\parallel$BK, beschreibe aus K als Mittelpunkt mit einem Radius =KO einen Kreis, welcher BA,BC in G,E schneide, und ziehe DGH,DEF, so ist das Verlangte geschehen.

Beweis.

Es ist $DK.KB = BN^2$ (El. II. 6.)

also $DK:BN = NB:BK$ (El. VI. 17.)

Da nun $DK > KB$

so ist $\left.\begin{matrix} BN \\ KO \end{matrix}\right\} > BK$ (El. II. 5.)

Folglich schneidet der aus K mit KO beschriebene Kreis die Linien CB, BA.

Ferner ist $DK:KE = EK:KB$ (Bew.)

mithin $DEK = \left\{\begin{matrix} KBE \\ DBF \end{matrix}\right.$, $EDK = KEB$ (El. VI. 4.)

also $FD:DB = KD:DE$ (El. VI. 4.)

folglich $FD.DE = KD.DB$ (El. VI. 16.)

Die Punkte K, B, E, F liegen somit auf dem Umfang eines Kreises (El. III. 36. Conv.). Daher ist

$KFB = KEB$ (El. III. 21.)

$= KDF$ (Bew.)

also $KF = FK:KB$ (El. VI. 4.)

folglich $KF^2 = DK.KB$ (El. VI. 17.)

Mithin liegt F auf dem Umfang des aus K als Mittelpunkt mit KO als Radius beschriebenen Kreises.

Nun ist $GBS = SBE$ (El. I. 8.)

also $GB = BE$ (El. III. 7.)

folglich $GKB = BKE$ (El. I. 8.)

mithin $arc.GS = arc.SE$ (El. III. 26.)

somit $EKD = DFB$ (El. III. 20.)

also KE:ED = FB:BD (El. VI. 4.)
Auch ist DE:EF = AB:BF (El. VI. 2.)

$$\begin{rcases} \text{folglich KE} \\ \text{KO} \\ \text{BN} \\ \text{BM} \end{rcases} \begin{array}{l} \text{:EF} = \text{AB:BD (El. V, 21.)} \\ \quad = \text{MB:BL (El. VI. 2.)} \\ \\ \\ \end{array}$$

$$\text{mithin EF} = \begin{cases} \text{BL} \\ \text{N.} \end{cases}$$

Eben so kann der Beweis für GH geführt werden.

Anm. Beschreibt man aus dem zweiten Durchschnitte P des aus Q mit QN beschriebenen Kreises und der verlängerten BD einen Kreis mit PY, nachdem PY#BN gezogen und ON bis zum Durchschnitt mit PY verlängert worden ist, so werden, wenn dieser Kreis die Linie BM erreicht, dadurch eine, oder zwey Linien zwischen den Schenkeln des Winkels ABC bestimmt, welche = N sind.

Determination.

Damit der eben bezeichnete Kreis die BM erreiche, mufs, wenn PRA = R gemacht wird, seyn

$$\begin{rcases} \text{PY} \\ \text{BN} \end{rcases} \overset{=}{>} \text{PR}$$

$$\begin{rcases} \text{Nun ist DB:BA} \\ \text{DB:a} \end{rcases} \begin{array}{l} = \sin.\text{BAD}:\sin.\text{ADB} \\ = \sin.\alpha:\sin.\tfrac{1}{2}\alpha, \text{ wenn AB} = \text{a, ABC} = \alpha \\ = 2\cos.\tfrac{1}{2}\alpha : 1 \end{array}$$

$$\text{also DB} = 2\text{a}\cos.\tfrac{1}{2}\alpha$$

$$\begin{rcases} \text{Ferner ist DB:BA} \\ 2\cos.\tfrac{1}{2}\alpha:1 \end{rcases} = \begin{cases} \text{LB:BM (El. VI. 2.)} \\ \text{N:BN} \end{cases}$$

$$\text{folglich BN} = \frac{\text{N}}{2\cos.\tfrac{1}{2}\alpha}$$

$$\text{Da nun } \left.\begin{array}{l} BP.PD \\ BP(PB-BD) \end{array}\right\} = BN^2 \text{ (El. II. 6.)}$$

$$\text{so ist } \left.\begin{array}{l} BP(PB-2a.\cos.\tfrac{1}{2}\alpha) \\ BP^2-2BP.a.\cos.\tfrac{1}{2}\alpha \end{array}\right\} = \frac{N^2}{4\overline{\cos.\tfrac{1}{2}\alpha}^2}$$

$$\text{mithin } BP^2-2BP.a.\cos.\tfrac{1}{2}\alpha+a^2\overline{\cos.\tfrac{1}{2}\alpha}^2 = \frac{N^2+4a^2\overline{\cos.\tfrac{1}{2}\alpha}^4}{4\overline{\cos.\tfrac{1}{2}\alpha}^2}$$

$$\text{also } BP = \frac{2a.\overline{\cos.\tfrac{1}{2}\alpha}^2+\sqrt{N^2+4a^2\overline{\cos.\tfrac{1}{2}\alpha}^4}}{2\cos.\tfrac{1}{2}\alpha}$$

Es ist aber $BP : PR = 1 : \sin.\tfrac{1}{2}\alpha$

$$\text{folglich } PR = BP.\sin.\tfrac{1}{2}\alpha$$

$$= \frac{2a.\sin\tfrac{1}{2}\alpha\overline{\cos.\tfrac{1}{2}\alpha}^2+\sin.\tfrac{1}{2}\alpha.\sqrt{N^2+4a^2\overline{\cos.\tfrac{1}{2}\alpha}^4}}{2\cos.\tfrac{1}{2}\alpha}$$

Folglich mufs seyn

$$\frac{N}{2\cos.\tfrac{1}{2}\alpha} \geqq \frac{2a.\sin.\tfrac{1}{2}\alpha.\overline{\cos.\tfrac{1}{2}\alpha}^2+\sin.\tfrac{1}{2}\alpha\sqrt{N^2+4a^2\overline{\cos.\tfrac{1}{2}\alpha}^4}}{2\cos.\tfrac{1}{2}\alpha}$$

$$\text{mithin } N-2a.\sin\tfrac{1}{2}\alpha.\overline{\cos.\tfrac{1}{2}\alpha}^2 \geqq \sin.\tfrac{1}{2}\alpha\sqrt{N^2+4a^2\overline{\cos.\tfrac{1}{2}\alpha}^4}$$

$$\text{also } N^2-4aN.\sin\tfrac{1}{2}\alpha.\overline{\cos.\tfrac{1}{2}\alpha}^2 \geqq \overline{\sin.\tfrac{1}{2}\alpha}^2.N^2$$

$$\text{somit } N-4a.\sin.\tfrac{1}{2}\alpha.\overline{\cos.\tfrac{1}{2}\alpha}^2 \geqq N.\overline{\sin.\tfrac{1}{2}\alpha}^2$$

$$\text{folglich } N.\overline{\cos.\tfrac{1}{2}a}^2 \geqq 4a.\sin\tfrac{1}{2}\alpha.\overline{\cos.\tfrac{1}{2}\alpha}^2$$

$$\text{und } N \geqq 4a.\sin.\tfrac{1}{2}\alpha$$

Anm. Macht man $ZDB=R=SDT$, so ist $ZD : DT = ZA : AB$ (El. VI. 2.)

Es ist aber $\overline{ZD=DT}$ (El. I. 4.)

also auch $\overline{ZA=AB}$

folglich $ZB=2AB$

$=2a$

Ferner ist $\left.\begin{matrix}BZ\\2a\end{matrix}\right\} : ZT = \sin.BTS : \sin.ABC$

$= \cos.\tfrac{1}{2}\alpha : \sin.\alpha.$

$= 1 : 2\sin.\tfrac{1}{2}\alpha$

mithin $ST=4a.\sin.\tfrac{1}{2}\alpha$

## Beweis.

Es ist $N \geqq 4a.\sin.\tfrac{1}{2}\alpha$ (Det.)

mithin $N^2.\overline{\cos.\tfrac{1}{2}\alpha}^2 \geqq 4aN.\sin.\tfrac{1}{2}\alpha.\overline{\cos\tfrac{1}{2}\alpha}^2$

also $N^2 \geqq 4aN.\sin.\tfrac{1}{2}\alpha.\overline{\cos\tfrac{1}{2}\alpha}^2 + N^2\overline{\sin.\tfrac{1}{2}\alpha}^2$

folglich $N^2-4aN.\sin.\tfrac{1}{2}\alpha.\overline{\cos.\tfrac{1}{2}\alpha}^2 \geqq N^2\overline{\sin.\tfrac{1}{2}\alpha}^2$

somit $N^2-4aN.\sin.\tfrac{1}{2}\alpha.\overline{\cos.\tfrac{1}{2}\alpha}^2+4\alpha^2\overline{\sin.\tfrac{1}{2}\alpha}^2\overline{\cos.\tfrac{1}{2}\alpha}^4$

$\geqq \overline{\sin.\tfrac{1}{2}\alpha}^2(N^2+4\alpha^2\overline{\cos.\tfrac{1}{2}\alpha}^4)$

mithin $N-2a.\sin.\tfrac{1}{2}\alpha.\overline{\cos.\tfrac{1}{2}\alpha}^2 \geqq \sin.\tfrac{1}{2}\alpha\sqrt{N^2+4a^2\overline{\cos.\tfrac{1}{2}\alpha}^4}$

also $\frac{N}{2\cos.\tfrac{1}{2}\alpha} \geqq \frac{2a.\sin.\tfrac{1}{2}\alpha.\overline{\cos.\tfrac{1}{2}\alpha}^2+\sin.\tfrac{1}{2}\alpha\sqrt{N^2+4a^2\overline{\cos.\tfrac{1}{2}\alpha}^4}}{2\cos.\tfrac{1}{2}\alpha}$

$\geqq \sin.\tfrac{1}{2}\alpha\,\frac{2a.\overline{\cos.\tfrac{1}{2}\alpha}^2+\sqrt{N^2+4a^2\overline{\cos.\tfrac{1}{2}\alpha}^4}}{2\cos.\tfrac{1}{2}\alpha.}$

d. i. $\left.\begin{matrix}BN\\PY\end{matrix}\right\} \geqq PR$ (Determ.)

Es berührt, oder schneidet also der aus P als Mittelpunkt mit einem Radius = PY beschriebene Kreis die Linien BM, BC. Es geschehe in V. Man ziehe VD, welche verlängert werde bis zum Durchschnitt mit BA in W.

Es ist $BP.PD = BN^2$ (El. II. 6.)
$= PV^2$

also $DP:PV = VP:PB$ (El. VI. 17.)

mithin $DVP = PBV$, $VDP = PVB$ (El. VI. 6.)
$= DBW$

folglich liegen die Punkte W, B, V, P auf dem Umfang eines Kreises; also ist $PWB + BVP = 2R$ (El. III. 22.)

Nun ist $PDW = DVP + DPV$ (El. I. 32.)
$= VBP + DPV$ (Bew.)

mithin $PDW + PVB = VBP + DPV + PVB$
$= 2R$
$= PWB + PVB$

also $PDW = PWB$

folglich $DP:PW = WP:PB$ (El. VI. 4.)

und $PW^2 = DP.PB$ (El. VI. 17.)
$= PY^2$

somit $PW = PY$

Es liegt also W auf dem Umfang des aus P mit PY beschriebenen Kreises.

Bezeichnet man mit X den zweiten Durchschnitt desselben Kreises mit BM, so ist

$XBI = IBV$ (El. I. 34. Cor.)

also XB=BV (El. III. 8.)

folglich XPB=VPB (El. I. 8.)

mithin arc.XI=arc.VI (El. III. 26.)

somit VPD=DWB (El. III. 22. Cor.)

also PV:VD=WB:BD (El. VI. 4.)

Auch ist DV:VW=AB:BW (El. VI. 2.)

folglich PV ⎫ :VW=AB:BD (El. V. 23.)
PY ⎬ =MB:BL (El. VI. 2.)
BN ⎪
BM ⎭

mithin VW= ⎧ BL
⎩ N

Eben so kann der Beweis für UX geführt werden.

Lehnsatz C. (Fig. 19.)

Jede durch den Halbirungspunkt D der Grundlinie BC eines gleichschenkeligen Dreiecks BAC gezogene, zwischen den Schenkeln BA, AC liegende gerade Linie EF ist gröſser, als die Grundlinie.

Beweis.

Es ist DFC < ⎧ ACD (El. I. 16.)
⎩ ABD (El. I. 5.)

Macht man GBD=DFC, so liegt BG zwischen DB, BE.

Es ist also GD < DE

Auch ist △DBG ∽ △DFC (El. VI. 4.)

folglich FD:DC= ⎧ BD ⎫ :DG
⎩ CD ⎭

Nun ist DCF > R (El. I. 17.)

also FD > DC (El. I. 18.)

mithin CD > DG

und auch FD > DG

somit $\left.\begin{matrix} FD+DG \\ FG \end{matrix}\right\} > \left\{\begin{matrix} 2CD \\ BC \end{matrix}\right.$ (El. III. 15.)

um so mehr FE > BC.

Zus. 1. Gleiche Winkel mit der Grundlinie bildende Linien dieser Art EF, ML sind einander gleich, von zweien ungleiche Winkel mit der Grundlinie bildenden HN, EF ist die den gröſseren Winkel bildende die gröſsere.

Beweis.

Es ist LDC = EDB (p. h.) = BDM (El. I. 15.)

mithin $\Delta LDC \cong \Delta EDB, \Delta BDM \cong \Delta DCF$

also ED = DL, MD = DF

folglich EF = ML

Macht man DEK = DHF,

so ist $\Delta EDK \sim \Delta HDF$ (El. VI. 4.)

also HD : DF = ED : DK

Es ist HD > DF

also ED > DK

folglich $\left.\begin{matrix} HD-DK \\ 2DO \end{matrix}\right\} > \left\{\begin{matrix} FD-DE \\ 2DP, \end{matrix}\right.$ wenn HO = OK, FP = PE,

mithin DO > DP

somit $DO^2 > DP^2$

Da $\left.\begin{array}{l} HD.DK \\ HO^2-OD^2 \end{array}\right\} = \left\{\begin{array}{l} ED.DF \text{ (El. VI. 16.)} \\ FP^2-PD^2 \text{ (El. II. 5.)} \end{array}\right.$

so ist $HO^2 > FP^2$

also $HO > FP$

folglich $HK > EF$

um so mehr $HN > EF$.

Zus. 2. Zwey gleiche Linien jener Art bilden gleiche Winkel mit der Grundlinie.

Zus. 3. (Fig. 20.) Wenn durch einen Winkelpunkt D eines Quadrates, oder Rhombus ABCD zwischen den Schenkeln AB,BC des gegenüberliegenden Winkels ABC zwey gleiche gerade Linien EF,HG gezogen sind, so sind die Segmente FB und BH,GB und BE,GF und HE einander gleich.

Beweis.

Macht man $BDM = R = BDN$,

so ist $MD = DN$, $FMD = DNH$

Auch ist $MDF = HDN$ (Zus. 2.)

also $MF = HN$

Da auch $MB = BN$

so ist $FB = BH$

Ferner ist $MDG = NDE$ (Zus. 2.), $GMD = DNE$, $MD = DZ$

folglich $MG = NE$

also $FG = HE$

somit $GB = BE$

Zus. 4. Da $\Delta MGD \underset{S}{=} \Delta DNE$

so ist $MGD = DEN$

mithin liegen die Punkte G,F,H,E auf dem Umfang eines Kreises. Weil auch $\Delta FDB \underset{S}{=} \Delta HDB$, also $FDB = HDB$, folglich arc.$FL =$ arc.$LH$, so liegt der Mittelpunkt desselben in BD. Macht man nun $FO = OE$, $FOK = R$, so ist $KDN = R$

also $KDO < R$

folglich $KDO + DOK < 2R$

mithin schneiden KD, DO einander in der Verlängerung von BD. Der Mittelpunkt jenes Kreises liegt also in dieser Verlängerung.

Aufgabe IV. (Fig. 21.)

Durch einen Winkelpunkt D eines gegebenen Quadrates, oder Rhombus ABCD, zwischen die Schenkel des gegenüberliegenden Winkels ABC eine gerade Linie zu legen, welche der gegebenen geraden Linie N gleich sey.

Analysis.

EF sey die gesuchte Linie. Macht man $BDM = R = BDN$, $NDH = FDM$, so ist $EF = GH$ (Lehns. C. Zus. 1.)
Da $DB = BD$, $FBD = DBH$, $FB = BH$ (Lehns. C. Zus. 3.)

so ist $FD = DH$

Die Punkte G,F,H,E liegen auf dem Umfang eines Kreises, dessen Mittelpunkt K in der Verlängerung von BD liegt (Lehns. C. Zus. 4.). Es sey dieser Kreis beschrieben, und sein Mittelpunkt in K. Zieht man FK, KH, so ist $FK = KH$. Da $KD = DK$, so ist

FKD=DKH (El. I. 8.)

---

also arc.FL=arc.LH

---

folglich $\left.\begin{matrix}LKF\\BKF\end{matrix}\right\}=\left\{\begin{matrix}FEH\\DEB\end{matrix}\right.$ (El. III. 27. 20.)

---

mithin BF : FK=BD : DE (El. VI. 4.)
Est ist auch CD : BF=DE : EF (El. VI. 2.)

---

also CD : FK=BD : EF (El. V. 21.)

---

und CD : DB=KF : FE

Da CD:DB ein gegebenes Verhältniſs ist (Dat. 1.), so ist auch KF:FE ein gegebenes, und da EF eine gegebene Linie ist, auch KF gegeben (Dat. 2.).

Ferner ist KFB=BDE (Bew.)
=KDF

---

also BK:KF=FK:KD (El. VI. 4.)

---

folglich BK.KD=$FK^2$ (El. VI. 17.)

mithin BK.KD der Gröſse nach gegeben, und da BK—KD=BD gegeben ist, BK (Dat. 85.) der Gröſse nach, somit der Punkt K, und wegen der gegebenen KF der aus K mit KF beschriebene Kreis, und dessen Durchschnittspunkt E mit der Linie BD, also die Lage der Linie EF gegeben.

### Determination.

Es muſs seyn $N \geqq MN$ (Lehns. C.).

### Construction.

Man mache BQ=N, QU#DA, DBX=R, XB=BU, BY=YD, beschreibe aus Y als Mittelpunkt einen Kreis mit einem Radius = YX, welcher die verlängerte BD in K schneide, mache KV#BX, XV#BD, und beschreibe aus K mit einem Radius = KV einen Kreis, welcher BA in dem gesuchten Punkte F erreichen wird.

Beweis.

Wie oben bey Aufgabe III. Zusatz.

Anmerkung 1.

Huygens giebt in der Schrift:

*Christ. Hugenii de circuli magnitudine inventa; accedunt ejusdem problematum quorundam illustrium constructiones; Lugduni Batavorum*, 1654.

von beiden vorhergehenden Aufgaben andere Constructionen. Wegen der Eleganz derselben mögen sie hier in freier Darstellung und mit der Analysis versehen folgen. Man sehe auch

*Neut. Arithm. univ.; Amstel.* 1761. *Tom.* 1. *pag.* 202.

Aufgabe 1. (Fig. 22.)

Durch den Punkt A eines der Lage und Gröfse nach gegebenen Quadrates ABCD eine gerade Linie zu legen, deren zwischen die Schenkel des dem Punkte A gegenüberliegenden Winkels, oder die Schenkel des Nebenwinkels desselben fallendes Segment EF der gegebenen geraden Linie N gleich sey.

Analysis.

Es sey EF die gesuchte Linie, so ist

$$\left.\begin{matrix} FE^2 \\ N^2 \end{matrix}\right\} = EC^2 + CF^2$$

$$\text{Es ist } \underline{BC^2 = FC^2 \pm 2CF.FB + BF^2} \text{ (El. II. 5. 6.)}$$

$$\text{also } N^2 + BC^2 = EC^2 \left\{ \begin{matrix} +2CF^2 \pm 2CF.FB \\ 2FC.CB \end{matrix} \right\} + BF^2$$

Ferner ist $\underline{AB:BF = EC:CF}$ (El. VI. 4.)

folglich $\left.\begin{matrix} AB.CF \\ AC.CF \end{matrix}\right\} = EC.BF$ (El. VI. 17.)

$$\begin{aligned} \text{mithin } N^2+BC^2 &= EC^2+2EC.CB+BF^2 \\ &= BH^2+BH.HG+HG^2, \quad \text{wenn } AEG=R=EHG, \\ &= (BH+HG)^2 \\ &= BG^2 \end{aligned}$$

Da N, BC gegeben sind, so ist auch BG, mithin AG gegeben, und weil AEG=R, so liegt E auf dem Umfange eines der Lage und Gröfse nach gegebenen Halbkreises, ist also gegeben (Dat. 28.), somit die Lage von AE gegeben.

### Construction.

Man mache BAK=R, AK=N, beschreibe aus B als Mittelpunkt mit BK als Halbmesser einen Kreis, welcher die verlängerte AB in G schneide, und beschreibe über AG einen Halbkreis, welcher der DC, oder ihrer Verlängerung in E begegne, so ist AE die gesuchte Linie.

### Determination.

Damit der über AG=GB—BA beschriebene Halbkreis die verlängerte CD erreiche, mufs seyn

$$AG \geqq 2AB$$

$$\text{also } BG \geqq 3AB$$

$$\text{somit } \left.\begin{matrix} BG^2 \\ BK^2 \\ \left.\begin{matrix} KA^2 \\ N^2 \end{matrix}\right\} + AB^2 \end{matrix}\right\} \geqq 9AB^2$$

$$\text{folglich } N^2 \geqq \left\{\begin{matrix} 8AB^2 \\ 4BD^2 \end{matrix}\right.$$

$$\text{mithin } N \overset{=}{>} 2BD.$$

Beweis.

1) Für die in dem Nebenwinkel von BCD liegende Linie FE.

$$\text{Es ist } GB = BK$$

$$\text{also } GB > BA \text{ (El. I, 19.)}$$

$$\text{folglich } AG > 2AB$$

mithin schneidet der über AG beschriebene Halbkreis die CD. Auch ist

$$\left.\begin{array}{r} BK^2 \\ KA^2+AB^2 \\ N^2+AB^2 \end{array}\right\} \begin{array}{l} = BG^2 \\ = BH^2+2BH.HG+GH^2 \\ = EC^2+\left\{\begin{array}{l} 2EC.BF \\ 2AB.CF \\ 2BC.CF \\ 2CF^2+2BF.FC \end{array}\right\} + BF^2 \text{ (El. I. 26.) (El. VI. 4. 16.)} \\ = \left\{\begin{array}{c} EC^2+CF^2 \\ EF^2 \end{array}\right\} + BC^2 \end{array}$$

$$\text{also } N^2 = EF^2$$

$$\text{mithin } N = EF$$

2) Für die in dem Winkel BCD liegende Linie FE.

$$\text{Es ist } N \overset{=}{>} 2BD \text{ (Det.)}$$

$$\text{also } N^2 \overset{=}{>} \left\{\begin{array}{l} 4BD^2 \\ 8AB^2 \end{array}\right.$$

$$\text{folglich } \left.\begin{array}{c} N^2+AB^2 \\ BK^2 \end{array}\right\} \overset{=}{>} 9AB^2$$

$$\text{mithin } BK \overset{=}{>} 3AB$$

$$\text{Somit}\quad \left.\begin{matrix}BK-AB\\ AG\end{matrix}\right\}\left\{\begin{matrix}=\\ >\end{matrix}\right\}2AB$$

Es berührt, oder schneidet also der über AG beschriebene Halbkreis die CD. Ferner ist, E mag der Berührungs — oder Durchschnittspunkt seyn,

$$\left.\begin{matrix}BK^2\\ N^2+AB^2\end{matrix}\right\}\begin{matrix}=BG^2\\ =BH^2+2BH.HG+GH^2\end{matrix}$$

$$=EC^2+\left\{\begin{matrix}2BF.EC\\ 2AB.CF\\ 2BC.CF\\ 2EF^2-2BF.FC\end{matrix}\right\}+BF^2$$

$$=\left\{\begin{matrix}EC^2+CF^2\\ EF^2\end{matrix}\right\}+CB^2$$

also $N^2=EF^2$

mithin $N=EF$.

Anm. Es erhellet von selbst, dafs es, wenn der über AG beschriebene Kreis die Linie BC schneidet, immer zwey Durchschnittspunkte giebt, wodurch zwey Linien von der gegebenen Eigenschaft bestimmt werden.

## Aufgabe 2. (Fig. 23.)

Durch den Punkt B eines gegebenen Rhombus AEBF eine gerade Linie zu legen, deren zwischen die Schenkel des gegenüberliegenden Winkels, oder die Schenkel seines Nebenwinkels fallendes Segment DC einer gegebenen geraden Linie N gleich sey.

### Analysis.

Nimmt man DC als die gesuchte Linie an, so ist DC : CA=DB : BE (El. VI. 4.)

$$CD : DA = CB : \begin{cases} BF \\ BE \end{cases} \quad \text{(El. VI. 2.)}$$

also $CD^2 : DA\,AC = DB\,BC : BE^2$ (El. V. 20.)

$= GB.BE : BE^2$, wenn $BCG = AFB$ oder $= BFC$ (El. VI. 4. 16.)

$= GB : BE$ (El. VI. 1.)

$$= BG.GN : \begin{cases} BE.GN, \text{ wenn } BAN = AFB, \\ BE(GB \begin{Bmatrix} - \\ + \end{Bmatrix} BN) \\ GB.BE \begin{Bmatrix} - \\ + \end{Bmatrix} EB.BN \\ CB.BD \begin{Bmatrix} - \\ + \end{Bmatrix} BA^2 \text{ (Bew. und (El. VI. 4. 16.))} \end{cases}$$

Beschreibt man durch die Punkte B, G, C einen Kreis, welcher die FC in H schneide, so ist

$CGB + CHB = 2R$ (El. III. 22.), oder $CHB = CGB$ (El. III. 21.)
$= EDB + BDA$ $\qquad = BDA$

also ist $CHB = BDA$

Da auch $HAB = BAD$, $AB = BA$,

so ist $HA = AD$, $HB = BD$, $HBA = ABD$

$$\text{folglich } \begin{matrix} CB.BH \\ CB.BD \end{matrix} \begin{Bmatrix} - \\ + \end{Bmatrix} AB^2 = \begin{cases} CA.AH. \text{ *)} \\ CA.AD \end{cases}$$

mithin $CD^2 : DA.AC = BG.GN : CA.AD$

also $CD^2 = BG.GN$

$$= BG\,(GB \begin{Bmatrix} - \\ + \end{Bmatrix} BN)$$

$$= BG^2 \begin{Bmatrix} - \\ + \end{Bmatrix} GB.BN$$

*) *Newtoni Arithm. univ. Amstel.* 1761. *Tom.* 1. *pag.* 143 *XIV.*

somit $CD^2+AB^2=AB^2+BG^2\begin{Bmatrix}-\\+\end{Bmatrix}\begin{Bmatrix}GB.BN\\2GB.BL\end{Bmatrix}$, wenn $ALB=G$,

also $\overline{BAL}=\overline{LA}$

$=AG^2$ (El. II. 13.)

$=AE^2+EG^2\begin{Bmatrix}+\\-\end{Bmatrix}2GE.EL$

$$\begin{array}{rl} \text{folglich} & CD^2+AB^2AE^2 \\ \text{(El. II. 13.)} & CD^2+2AE^2-2BE.EL-AE^2 \\ & CD^2+\begin{Bmatrix}AE^2\\BE^2\end{Bmatrix}-2BE.EL \\ & CD^2+BE(BE-2EL) \\ \text{(El. II. 6.)} & CD^2+BL^2-LE^2 \end{array} \Bigg\} = \Bigg\{ \begin{array}{l} EG^2\begin{Bmatrix}+\\-\end{Bmatrix}2GE.EL \\ EG(GE\begin{Bmatrix}+\\-\end{Bmatrix}2EL) \\ GL^2-LE^2 \quad \text{(El. II. 6.)} \end{array}$$

mithin $CD^2+BL^2=GL^2$

Da CD, BL, also auf $CD^2+BL^2$ gegeben sind, so ist GL, somit GB, und da BCG=BFA, der über BG des Winkels BFA, fähige Kreisabschnitt der Lage und Grösse nach, also der Durchschnitt C und die Lage von BC gegeben.

### Construction.

Man mache ALB=R=LBK, BK=N, beschreibe aus L als Mittelpunkt mit dem Radius LK einen Kreis, welcher die BE schneide in G, beschreibe über BG einen Kreisabschnitt, fähig $\begin{Bmatrix}\text{des Winkels BFA}\\\text{des Nebenwinkels von BFA}\end{Bmatrix}$, welcher die FA in C schneide, so ist BC die gesuchte Linie.

### Determination.

Damit der über BG=GL+LB beschriebene Abschnitt die FA erreiche, muſs, wenn BM=MG,

BMT=R, und MT verlängert ist bis zum Durchschnitt mit dem über BG beschriebenen Kreise, seyn $MT \left\{ \begin{matrix} = \\ > \end{matrix} \right\} AL$.

$$\text{Nun ist } \left.\begin{matrix} BM \\ \frac{1}{2}BG \end{matrix}\right\} : MT = 1 : \left\{\begin{matrix} \cot. MTB \\ \cot. \frac{1}{2}BFA \\ \tan. \frac{1}{2}FAE \\ \tan. \frac{1}{2}V \text{, zur Abkürzung,} \end{matrix}\right.$$

$$\text{also } MT = \tfrac{1}{2}BG.\tan.\tfrac{1}{2}V.$$

$$\begin{aligned} \text{Es ist } BG &= GL + LB \\ &= \sqrt{N^2 + BL^2} + LB \\ &= \sqrt{N^2 + AB^2.\cos.\tfrac{1}{2}V^2} + AB.\cos.\tfrac{1}{2}V \end{aligned}$$

$$\text{und } AL = AB.\sin.\tfrac{1}{2}V$$

Also mufs seyn

$$\tfrac{1}{2}\tan.\tfrac{1}{2}V\left(\sqrt{N^2 + AB^2.\cos.\tfrac{1}{2}V^2} + AB.\cos.\tfrac{1}{2}V.\right) \left\{ \begin{matrix} = \\ > \end{matrix} \right\} AB.\sin.\tfrac{1}{2}V$$

$$\text{folglich } \sqrt{N^2 + AB^2.\cos.\tfrac{1}{2}V^2} \left\{ \begin{matrix} = \\ > \end{matrix} \right\} AB.\cos.\tfrac{1}{2}V$$

welche Bedingung für jeden Werth von N statt findet.

Damit der über BG=GL—LB beschriebene Abschnitt die FA erreiche, mufs, wenn BM=MG, BMT=R, und MT verlängert ist bis zum Durchscnitt mit dem über BG liegenden Kreisbogen seyn $MT \left\{ \begin{matrix} = \\ > \end{matrix} \right\} AL$.

$$\begin{aligned} \text{Nun ist } BG &= \sqrt{N^2 + BL^2} - BL \\ &= \sqrt{N^2 + AB^2.\cos.\tfrac{1}{2}V^2} - AB.\cos.\tfrac{1}{2}V, \text{ wenn } BFC = V, \end{aligned}$$

und BM : MT = 1 : cot. $\frac{1}{2}$V.

$$\begin{aligned} \text{folglich } MT &= BM.\cot.\tfrac{1}{2}V \\ &= \tfrac{1}{2}BG.\cot.\tfrac{1}{2}V \\ &= \tfrac{1}{2}\cot.\tfrac{1}{2}V\left(\sqrt{N^2 + AB^2.\cos.\tfrac{1}{2}V^2} - AB.\cos.\tfrac{1}{2}V\right) \end{aligned}$$

Auch ist $AL = AB.\sin.\frac{1}{2}V$

Also muſs seyn

$$\tfrac{1}{2}\cot.\tfrac{1}{2}V\left(\sqrt{N^2+AB^2.\overline{\cos.\tfrac{1}{2}V}^2}-AB.\cos.\tfrac{1}{2}V\right)\left\{\begin{matrix}=\\>\end{matrix}\right\}AB.\sin.\tfrac{1}{2}V$$

mithin $$\sqrt{N^2+AB^2.\overline{\cos.\tfrac{1}{2}V}^2}\left\{\begin{matrix}=\\>\end{matrix}\right\}\frac{2AB.\overline{\sin.\tfrac{1}{2}V}^2+AB.\overline{\cos.\tfrac{1}{2}V}^2}{\cos.\tfrac{1}{2}V}$$

$$\left\{\begin{matrix}=\\>\end{matrix}\right\}\frac{AB(1+\overline{\sin.\tfrac{1}{2}V}^2)}{\cos.\tfrac{1}{2}V}$$

folglich

$$N^2.\overline{\cos.\tfrac{1}{2}V}^2+AB^2.\overline{\cos.\tfrac{1}{2}V}^4\left\{\begin{matrix}=\\>\end{matrix}\right\}AB^2+2AB^2.\overline{\sin\tfrac{1}{2}V}^2+AB^2\overline{\sin.\tfrac{1}{2}V}^4$$

somit

$$N^2.\cos.\tfrac{1}{2}V+\left\{\begin{matrix}AB^2(\overline{\cos.\tfrac{1}{2}V}^4-\overline{\sin.\tfrac{1}{2}V}^4)\\ AB^2(\overline{\cos.\tfrac{1}{2}V}^2+\overline{\sin.\tfrac{1}{2}V}^2)(\overline{\cos.\tfrac{1}{2}V}^2-\overline{\sin\tfrac{1}{2}V}^2)\\ AB^2(\overline{\cos.\tfrac{1}{2}V}^2-\overline{\sin.\tfrac{1}{2}V}^2)\end{matrix}\right\}$$
$$\left\{\begin{matrix}=\\<\end{matrix}\right\}AB^2(1+2\overline{\sin.\tfrac{1}{2}B}^2)$$

also $$N^2.\overline{\cos.\tfrac{1}{2}V}^2\left\{\begin{matrix}=\\>\end{matrix}\right\}AB^2(1+2\overline{\sin.\tfrac{1}{2}V}^2-\overline{\cos.\tfrac{1}{2}Y}^2+\overline{\sin.\tfrac{1}{2}V}^2)$$
$$\left\{\begin{matrix}=\\>\end{matrix}\right\}AB^2 4\,\sin.\tfrac{1}{2}V^2$$

folglich $N\left\{\begin{matrix}=\\>\end{matrix}\right\}\left\{\begin{matrix}2AB.\tan.\tfrac{1}{2}V.\\ OR,\ \text{wenn } ABR=ABO=R.\end{matrix}\right.$

Beweis.

In Beziehung auf $BG = GL + LB$ ist

$$N^2-AB^2.\overline{\cos\tfrac{1}{2}V}^2 > AB^2.\overline{\cos.\tfrac{1}{2}V}^2$$

also $\sqrt{N^2+AB^2.\overline{\cos.\tfrac{1}{2}V}^2}+AB.\cos.\ V > 2AB.\cos.\tfrac{1}{2}V$

folglich

$$\tan.\tfrac{1}{2}V\left(\sqrt{N^2+AB^2.\overline{\cos.\tfrac{1}{2}V}^2}+AB.\cos.\tfrac{1}{2}V\right)\Big\} > \Big\{\begin{matrix}AB.\sin.\tfrac{1}{2}V\\ AL\end{matrix}$$
$$OR$$

Also giebt es allemal einen Durchschnitt des über BG beschriebenen Kreises mit AF.

In Beziehung auf BG=GL—LB ist

$$N \underset{>}{=} OR \text{ (Det.)}$$
$$\underset{>}{=} 2AB.\tan.\tfrac{1}{2}V$$

also $\overline{N.\cos.\tfrac{1}{2}V \underset{>}{=} 2AB.\sin.\tfrac{1}{2}V}$

somit $\overline{N^2.\cos\tfrac{1}{2}V^2 \underset{>}{=} 4AB^2.\sin.\tfrac{1}{2}V^2}$

$$\underset{>}{=} AB^2(1+2\sin.\overline{\tfrac{1}{2}V}^2-\overline{\cos.\tfrac{1}{2}V}^2+\overline{\sin.\tfrac{1}{2}V}^2)$$

folglich

$$N^2\overline{\cos.\tfrac{1}{2}V}^2+\left\{\begin{matrix}AB^2(\overline{\cos.\tfrac{1}{2}V}^2-\overline{\sin.\tfrac{1}{2}V}^2)\\ AB^2(\cos.\tfrac{1}{2}V^4-\sin.\tfrac{1}{2}V^4)\end{matrix}\right\} \underset{>}{=} AB^2(1+2\overline{\sin.\tfrac{1}{2}V}^2)$$

mithin

$$N^2.\overline{\cos.\tfrac{1}{2}V}^2+AB^2.\overline{\cos.\tfrac{1}{2}V}^4 \underset{>}{=} AB^2+2AB^2.\overline{\sin.\tfrac{1}{2}V}^2+AB^2\overline{\sin.\tfrac{1}{2}V}^4$$

also $$N^2+AB^2\overline{\cos.\tfrac{1}{2}V}^2 \underset{>}{=} \frac{AB^2(1+\overline{\sin.\tfrac{1}{2}V}^2)^2}{\overline{\cos.\tfrac{1}{2}V}^2}$$

folglich $$\sqrt{N^2+AB^2.\overline{\cos.\tfrac{1}{2}V}^2} \underset{>}{=} \frac{AB(1+\overline{\sin.\tfrac{1}{2}V}^2)}{\cos.\tfrac{1}{2}V}$$
$$\underset{>}{=} \frac{AB(2\overline{\sin.\tfrac{1}{2}V}^2+\overline{\cos.\tfrac{1}{2}V}^2}{\cos.\tfrac{1}{2}V}$$

mithin

$$\cot.\tfrac{1}{2}V\left(\sqrt{N^2+AB^2\overline{\cos.\tfrac{1}{2}V}^2}-AB.\cos.\tfrac{1}{2}V\right)\Big\}\Big\{\underset{>}{=}\Big\}\Big\{\begin{matrix}AB.\sin.\tfrac{1}{2}V\\ AI\end{matrix}$$
$$OR$$

Also erreicht der über BG beschriebene Kreisbogen die FA.

Es ist $GL^2 = N^2 + BL^2$

---

$$\text{also}\quad \left.\begin{array}{l} GL^2 - LE^2 \\ EG(GE \pm 2EL) \\ EG^2 \pm 2GE.EL \end{array}\right\} = \left\{\begin{array}{l} N^2 + BL^2 - LE^2 \\ N^2 + EB(BE - 2EL) \\ N^2 + BE^2 - 2BE.EL \\ N^2 + 2AE^2 - 2BE.EL - AE^2 \\ N^2 + AB^2 - AE^2 \end{array}\right.$$

---

$$\text{folglich}\quad \left.\begin{array}{r} AE^2 + EG^2 \pm GE.EL \\ AG^2 \\ AB^2 + BG^2 + \left\{\begin{array}{c} 2GB.BL \\ GB.BN \end{array}\right\} \\ AB^2 + BG.GN \end{array}\right\} N^2 + AB^2$$

, wenn $BAN = AFB$,

---

mithin $BG.GN = N^2$

Ferner ist $DC : CA = DB : BE$

$$CD : DA = CB : \left\{\begin{array}{l} BF \\ BE \end{array}\right.$$

---

also $CD^2 : CA.AD = CB.BD : BE^2$

$= GB.BE : BE^2$, wenn $BCG = AFB$, oder $= BFC$;

$= GB : BE$

$$= \left\{\begin{array}{c} BG.GN \\ N^2 \end{array}\right\} : \left\{\begin{array}{l} BE.GN \\ BE(GB \mp BN) \\ EB.BG \mp EB.BN \\ CB.BD \mp BA^2 \end{array}\right.$$

Schneidet der über BG beschriebene Kreis die AF zum zweitenmal in H, so ist

CGB+CHB=2R oder CHB=CGB
=EDB+BDA =BDA

also CHB=BDA — Da HAB=BAD, AB=BA

Da HAB=BAD, AB=BA, — so ist HA=AD, HB=BD,
so ist HA=AD, HB=BD, — und HBA=ABD
und HBA=ABD — somit CBA=ABD

folglich $\left.\begin{matrix} CB.BH \\ CB.BD \end{matrix}\right\} - AB^2 = \left\{\begin{matrix} CA.AH \\ CA.AD \end{matrix}\right.$ *)

mithin $CD^2$ CA.AD=$N^2$ CA.AD

somit $CD^2=N^2$

und CD=N

Wenn der über BG=GE—EB beschriebene Kreis die AC in C nur berührt, so ist ACB=CGB (El. III. 32).
=BDA

Da nun auch CAB=BAD, AB=BA

so ist CA=AD, CB=BD, CBA=ABD

etc. wie oben.

Anm. 2. Beide Aufgaben lassen sich auch durch die Behandlung folgender allgemeinen Aufgabe auflösen.

---

*) (*Neut. Arithm. univ. Amstel.* 1761. *Tom. I. pag.* 143. *XIV*

Aufgabe. (Fig. 24.)

Durch einen auf der Halbirungslinie AD eines der Lage und Grösse nach gegebenen Winkels BAC gegebenen Punkt D eine der Grösse nach gegebene gerade Linie zwischen die Schenkel jenes Winkels zu legen.

Analysis.

Es sey BC die gesuchte Linie. Gedenkt man sich durch die Punkte A,B,C einen Kreis, dessen Mittelpunkt T sey, beschrieben, so ist wegen der der Grösse nach gegebenen BC, und des gesebenen Winkels BAC sein Radius der Grösse nach gegeben (El. III. 33.). Zieht man den Durchschnitt R dieses Kreises und der Linie AD mit C zusammen, so ist, wenn RT, TC gezogen werden, sowohl RT=TC, als RTC=2RAC (El.. III. 20.) =BAC, also gegeben, folglich auch RC gegeben.

Es ist aber BCR=BAR (El. III. 21.)

=RAC

folglich AR : RC=CR : RD (El. VI. 4.)

somit AR.RD=CR² (El. VI. 16.)

Also ist AR.RD gegeben, und da AR—RD=AD gegeben ist, AR (Dat. 85.), und der Punkt R, somit auch der Punkt C, in welchem ein aus R als Mittelpunkt mit einem Radius = RC beschriebener Kreis die Linie AC erreicht, folglich auch die Lage von BC gegeben.

Construction.

Man mache DE= der gegebenen Linie, beschreibe über DE einen des Winkels BAC fahigen Kreisabschnitt (El. III. 33.), dessen Mittelpunkt F sey, halbire den Winkel EFD durch den Radius FH, ziehe DH, mache GDL=R, LD=DH, AU=UD, beschreibe aus U als Mittelpunkt mit einem Radius =UL einen Kreis, welcher die verlängerte AD in R schneide, mache DAK=R, LK#AD, und beschreibe aus R als Mittelpunkt mit RK einen Kreis, welcher die AC in C erreiche. Die gerade Linie CD wird die gesuchte Linie bestimmen.

### Determination.

Damit der zuletzt beschriebene Kreis die AC erreiche mufs, wenn RQA=R, seyn

$$\left.\begin{matrix} RK \\ DL \\ DH \end{matrix}\right\} \geqq RQ.$$

Es ist

$$\left.\begin{matrix} HD : DG \\ HD : \frac{1}{2}DE \\ HD : \frac{1}{2}N \end{matrix}\right\} = 1 : \left\{\begin{matrix} \sin.GHD \\ \cos.\frac{1}{2}HFD \\ \cos.\frac{1}{2}BAC \\ \cos.\frac{1}{2}\alpha, \text{ wenn } BAC=\alpha; \end{matrix}\right.$$

$$\text{also } HD = \frac{N}{2\cos.\frac{1}{2}\alpha}$$

Ferner

$$\left.\begin{matrix} AR.RD \\ AR(RA-AD) \\ AR(RA-a) \\ AR^2-a.AR \end{matrix}\right\} = \left\{\begin{matrix} DH^2 \quad (\text{El. II. } 6.) \\ \dfrac{N^2}{4\overline{\cos.\frac{1}{2}\alpha}^2}, \text{ wenn } AD=a; \end{matrix}\right.$$

$$\text{also } AR^2-a.AR+\tfrac{1}{4}a^2 = \tfrac{1}{4}a^2 + \frac{N^2}{4\overline{\cos.\frac{1}{2}\alpha}^2}$$

$$= \frac{a^2\overline{\cos.\frac{1}{2}\alpha}^2+N^2}{4\overline{\cos.\frac{1}{2}\alpha}^2}$$

folglich $AR = \dfrac{a\cos.\tfrac{1}{2}\alpha + \sqrt{a^2\overline{\cos.\tfrac{1}{2}\alpha}^2 + N^2}}{2\cos.\tfrac{1}{2}\alpha}$

Es ist $\underline{AR : RQ = 1 : \sin.\tfrac{1}{2}\alpha}$

mithin $RQ = \dfrac{a.\sin.\tfrac{1}{2}\alpha.\cos.\tfrac{1}{2}\alpha + \sin.\tfrac{1}{2}\alpha\sqrt{a^2\overline{\cos.\tfrac{1}{2}\alpha}^2 + N^2}}{2\cos.\tfrac{1}{2}\alpha}$

Also muſs werden

$$\frac{N}{2\cos.\tfrac{1}{2}\alpha} \geqq \frac{a\sin.\tfrac{1}{2}\alpha.\cos.\tfrac{1}{2}\alpha + \sin.\tfrac{1}{2}\alpha\sqrt{a^2\overline{\cos.\tfrac{1}{2}\alpha}^2 + N^2}}{2\cos.\tfrac{1}{2}\alpha}$$

folglich $N - a\sin.\tfrac{1}{2}\alpha.\cos.\tfrac{1}{2}\alpha \geqq \sin.\tfrac{1}{2}\alpha\sqrt{a^2\overline{\cos.\tfrac{1}{2}\alpha}^2 + N^2}$

also $N^2 - 2aN\sin.\tfrac{1}{2}\alpha.\cos.\tfrac{1}{2}\alpha + a^2\overline{\sin.\tfrac{1}{2}\alpha}^2.\overline{\cos.\tfrac{1}{2}\alpha}^2$
$\geqq \overline{\sin.\tfrac{1}{2}\alpha}^2(a^2\overline{\cos.\tfrac{1}{2}\alpha}^2 \pm N^2)$

mithin $\left.\begin{array}{l} N^2(1 - \overline{\sin.\tfrac{1}{2}\alpha}^2) \\ N^2\overline{\cos.\tfrac{1}{2}\alpha}^2 \end{array}\right\} \geqq 2a.N\sin.\tfrac{1}{2}\alpha.\cos.\tfrac{1}{2}\alpha$

somit $N \geqq \dfrac{2a.\sin.\tfrac{1}{2}\alpha}{\cos.\tfrac{1}{2}\alpha}$

$\geqq \left\{\begin{array}{l} 2a.\tan.\tfrac{1}{2}\alpha \\ PS, \quad \text{wenn } ADP = ADS = R. \end{array}\right.$

**Beweis.**

Es ist $N \geqq \left\{\begin{array}{l} PS \quad \text{(Det.)} \\ 2a.\tan.\tfrac{1}{2}\alpha \end{array}\right.$

also $N^2\overline{\cos.\tfrac{1}{2}\alpha}^2 \geqq 2aN\sin.\tfrac{1}{2}\alpha.\cos.\tfrac{1}{2}\alpha$

folglich $N^2 \geqq 2aN\sin.\tfrac{1}{2}\alpha.\cos.\tfrac{1}{2}\alpha + N^2\overline{\sin.\tfrac{1}{2}\alpha}^2$

mithin $N^2 - 2aN\sin.\tfrac{1}{2}\alpha.\cos.\tfrac{1}{2}\alpha + a^2\overline{\sin.\tfrac{1}{2}\alpha}^2.\overline{\cos.\tfrac{1}{2}\alpha}^2$
$\geqq a^2\overline{\sin.\tfrac{1}{2}\alpha}^2.\overline{\cos.\tfrac{1}{2}\alpha}^2 + N^2\overline{\sin.\tfrac{1}{2}\alpha}^2$

somit $N - a\sin.\tfrac{1}{2}\alpha.\cos.\tfrac{1}{2}\alpha \geqq \sin.\tfrac{1}{2}\alpha\sqrt{a^2\overline{\cos.\tfrac{1}{2}\alpha}^2 + N^2}$

$$\text{also}\ \left.\begin{matrix}\frac{N}{2\cos.\frac{1}{2}\alpha}\\ HD\\ RK\end{matrix}\right\}\left\{\begin{matrix}=\\ >\end{matrix}\right\}\left\{\begin{matrix}\frac{\sin.\frac{1}{2}\alpha(a.\cos\frac{1}{2}\alpha+\sin\frac{1}{2}\alpha\sqrt{a^2.\overline{\cos\frac{1}{2}\alpha}^2+N^2})}{2\cos\frac{1}{2}\alpha.}\\ RA.\sin.\frac{1}{2}\alpha.\\ RQ\end{matrix}\right.$$

Es erreicht also der aus R als Mittelpunkt mit einem Radius =RK beschriebene Kreis die Linie AC. Es geschehe in C, so ist AR.RD=RC²

also AR : RC=CR : RD (El. VI. 17.)

folglich DCR=RAC (El. VI. 6.)
=RAB

mithin liegen die Punkte B, A, C, R auf dem Umfang eines Kreises. Bezeichnet man seinen Mittelpunkt mit T, so ist RTC=2RAC
=BAC
=HFD

Da auch DH=RC
so ist HF=RT
folglich EF=TR, FD=TC
=TB

Und da $\left.\begin{matrix}2RTC\\ BTC\end{matrix}\right\}=\left\{\begin{matrix}2HFD\\ EFD\end{matrix}\right.$
so ist ED=BC

Zus. Es erhellet von selbst, dafs es, wenn der aus R mit R mit RK beschriebene Kreis die AC schneidet, eine zweite Linie von der verlangten Eigenschaft giebt. Und beschreibt man aus dem zweiten Durchschnitt R des aus U mit UL beschriebenen Kreises und der verlängerten AC einen Kreis mit der dadurch bestimmten RK, so werden die in die Schenkel der Nebenwinkel des Winkels BAC fallenden Linien BC bestimmt, welche dieselbe Eigenschaft haben, wie die vorhin gefundenen, wie auf ganz ähnlichem Wege bewiesen wird.

# Der Bücher

# de inclinationibus

# Zweites.

# Des APOLLONIUS von PERGA

## Zweites Buch

## DE INCLINATIONIBUS.

### Aufgabe I. (Fig. 25 — 34.)

Zwischen zwey concentrische Kreise, deren auf einer geraden Linie liegende Durchmesser AB, CD der Lage und Grösse nach gegeben sind, von einem gegebenen Punkte dieser Durchmesser, oder ihrer Verlängerung eine einer gegebenen geraden Linie N gleiche gerade Linie zu legen.

### Fall 1. (Fig. 25. 26.)

Der gegebene Punkt liegt in dem Endpunkte B des grösseren Durchmessers. Die gesuchte Linie soll, wenn BNM eine den kleineren Kreis in N berührende, den grösseren in M schneidende gerade Linie ist, liegen zwischen den Bogen AM, CN in Fig. 25. oder in Fig. 26.

### Analysis.

Es sey FG die gesuchte Linie. Fällt man von dem gemeinschaftlichen Mittelpunkte E der Kreise das Perpendikel

EO auf BF, so ist $\underline{FO = OB, GO = OH}$ (El. III. 3.)

$$\text{also } \left.\begin{matrix}FG\\N\end{matrix}\right\} = BH$$

folglich ist BH der Grösse und (Dat. 28.) der Lage nach gegeben.

### Determination.

Es ist, wenn die den kleineren Kreis in K schneidende Linie EF gezogen wird,

$$\text{(Fig. 25.) } FG > \left\{\begin{matrix}FK \text{ (El. III. 8.)},\\AC\end{matrix}\right. \quad \left.\begin{matrix}HB\\FG\end{matrix}\right\} < \left\{\begin{matrix}BN \text{ (El. III. 8.)}\\MN \text{ (El. III. 18. 3.)}\end{matrix}\right.$$

$$\text{Also mufs } N \left\{\begin{matrix}=\\>\end{matrix}\right\} AC,\ N \left\{\begin{matrix}=\\<\end{matrix}\right\} MN \text{ seyn.}$$

Es ist hingegen (Fig. 26.)

$$GF < \left\{\begin{matrix}FK \text{ (El. III. 8.)},\\AC\end{matrix}\right. \quad \left.\begin{matrix}HB\\FG\end{matrix}\right\} > \left\{\begin{matrix}BN \text{ (El. III. 8.)}\\MN \text{ (El. III. 18. 3.)}\end{matrix}\right.$$

$$\text{Also mufs } N \left\{\begin{matrix}=\\<\end{matrix}\right\} AC,\ N \left\{\begin{matrix}=\\>\end{matrix}\right\} MN \text{ seyn.}$$

### Construction.

Man beschreibe aus B als Mitelpunkt einen Kreis mit einem Radius $= N$. Der Punkt, in welchem derselbe mit dem kleineren Kreise zusammentrifft, wird die gesuchte Linie bestimmen.

### Beweis.

$$\text{Es ist (Fig. 25.) } N \left\{\begin{matrix}=\\>\end{matrix}\right\} \left\{\begin{matrix}AC,\\BD\end{matrix}\right. \quad N \left\{\begin{matrix}=\\<\end{matrix}\right\} \left\{\begin{matrix}MN\\BN\end{matrix}\right. \text{ (Det.),}$$

$$\text{hingegen (Fig. 26.) } N \left\{\begin{matrix}=\\<\end{matrix}\right\} \left\{\begin{matrix}AC,\\BD\end{matrix}\right. \quad N \left\{\begin{matrix}=\\>\end{matrix}\right\} \left\{\begin{matrix}MN\\BN\end{matrix}\right. \text{ (Det.)}$$

Also erreicht der aus B als Mittelpunkt mit einem Radius $= N$ beschriebene Kreis den kleineren in D oder N, oder in einem Punkte H zwischen B, N. Im ersten Fall ist AC, im zweiten MN die gesuchte Linie, wie von selbst erhellet. Im dritten ist, wenn BH den Kreis über AB in F, G schneidet,

$$\underline{FO = OB,\ GO = OH},\ \text{wenn } EOB = R,$$

$$\text{also } FG = \left\{\begin{matrix} BH \\ N \end{matrix}\right.$$

### Fall 2. (Fig. 27. 28.)

Der gegebene Punkt liegt in dem Endpunkte B des kleineren Durchmessers. Die gerade Linie soll, wenn MB auf AB perpendikular steht, und den grösseren Kreis in M, N schneidet, liegen zwischen den Bogen CM, AFB in Fig. 27. oder 28.

### Analysis.

Es sey FG die gesuchte Linie. Fällt man von dem Mittelpunkte E das Perpendikel EO auf BF, so ist

$$\underline{FO = OB,\ GO = OH}$$

$$\text{also } \left.\begin{matrix} FG \\ N \end{matrix}\right\} = BH$$

folglich ist BH der Grösse und (Dat. 28.) der Lage nach gegeben.

### Determination.

Zieht man durch G, E eine gerade Linie, welche den kleineren Kreis in K schneide, so ist

$$\text{(Fig. 27.) } FG > \left\{\begin{matrix} GK \\ AC \end{matrix}\right.,\ \left.\begin{matrix} HB \\ FG \end{matrix}\right\} < BN \quad \text{(El. III. 8.)}$$

$$\text{also mufs } N \overset{=}{>} AC,\ N \overset{=}{<} BN \text{ seyn.}$$

$$\text{(Fig. 28.)} \quad FG < \left\{\begin{matrix} GK, \\ AC \end{matrix}\right.\ \left.\begin{matrix} HB \\ FG \end{matrix}\right\} > BN$$

$$\text{also mufs } N \overset{=}{<} AC,\ N \overset{=}{>} BN \text{ seyn.}$$

### Construction.

Man beschreibe aus B als Mittelpunkt mit einem Halbmesser=N einen Kreis. Der Punkt, in welchem derselbe den grösseren Kreis erreicht, wird die gesuchte Linie bestimmen.

### Beweis.

Es ist (Fig. 27.) $N \overset{=}{<} \begin{cases} AC \\ BD \end{cases}$, $N \overset{=}{<} BN$

hingegen (Fig. 28.) $N \overset{=}{>} \begin{cases} AC \\ BD \end{cases}$, $N \overset{=}{<} BN$,

also erreicht der aus B als Mittelpunkt mit einem Radius =N beschriebene Kreis den grösseren Kreis in D, oder in N, oder in einem Punkte H zwischen D,N. Im ersten Fall ist AC, im zweiten BM die gesuchte Linie, wie von selbst erhellet. Im dritten ist, wenn BH den Kreis über AB in F,G schneidet, FO=OB, GO=OH, wenn EOF=R,

$$\text{also } FG = \begin{cases} BH \\ N \end{cases}$$

### Fall 3. (Fig. 29. 30.)

Der gegebene Punkt F liegt auf der Verlängerung des grösseren Durchmessers. Die gesuchte Linie soll, wenn FN den kleineren Kreis in N berührt, und verlängert den grösseren in Q schneidet, liegen zwischen den Bogen AQ,CN in Fig. 29. oder Fig. 30.

### Analysis.

Es sey HK die gesuchte Linie. Zieht man durch H und den Mittelpunkt E die gerade Linie HE, welche den kleineren Kreis in O, P schneide, so ist

$$\left.\begin{array}{r} PH.HO \\ \text{El. III, 36.)} \quad KH.HM \end{array}\right\} = HE^2 - EO^2 \quad \text{(El. II, 6.)}$$

also ist das Rechteck KH.HM der Grösse nach gegeben. Da nun auch KH=N gegeben ist, so ist HM (Dat. 2), mithin $\left\{\begin{matrix} MH+\left\{\begin{matrix} HK \\ ML \end{matrix}\right\} \\ HL \end{matrix}\right\}$ gegeben, folglich die Aufgabe auf Buch I. Aufgabe 1. reducirt.

### Determination.

Es ist (Fig. 29.) $HK > \left\{\begin{matrix} HO, \\ AC \end{matrix}\right.$ (El. III. 8.)

und $KH.HM = EH^2 - EO^2$
$= EQ^2 - EN^2$, wenn man EQ,EN zieht,
$= QN^2$

also $HM : QN = QN : KH$ (El. VI. 17.)
Nun ist $HF > FQ, MF < FN$ (El. III. 8.)
folglich $\left.\begin{matrix} HF - FM \\ HM \end{matrix}\right\} > \left\{\begin{matrix} QF - FN \\ QN \end{matrix}\right.$
mithin auch $QN > KH$ (El. V. 14.)
also muſs $N\left\{\begin{matrix} = \\ > \end{matrix}\right\}AC, N\left\{\begin{matrix} = \\ < \end{matrix}\right\}QN$ seyn.

Es ist (Fig. 30.) $KH < \left\{\begin{matrix} HO \\ AC \end{matrix}\right.$ und $HF > FQ, KF < FN$
mithin $\left.\begin{matrix} HF - FK \\ HK \end{matrix}\right\} > \left\{\begin{matrix} QF - FN \\ QN \end{matrix}\right.$

also muſs $N\left\{\begin{matrix} = \\ < \end{matrix}\right\}AC, N\left\{\begin{matrix} = \\ > \end{matrix}\right\}QN$ seyn.

### Construction.

Man errichte in C auf AC ein Perpendikel CU, welches verlängert werde bis zum Durchschnitt mit dem gröſseren Kreise in U, mache $AX = N, XW \# CU$, verlängere XW bis zum Durchschnitt mit dem grösseren Kreise in W, ziehe $UV \# CB$, der Durchschnitt derselben mit XW sey V, errichte in V auf der geraden Linie AV ein Perpendikel VY, welches in Y der AB begegne, lege in den gröſseren Kreis eine Sehne=AY. Dieselbe sey AT, wenn AY kleiner ist, als AB, halbire AT in Z, beschreibe einen Kreis aus E als Mittelpunkt mit einem Radius = der geraden Linie EZ, und lege von F an diesen Kreis die Tangente FG. Der Durchschnitt derselben mit dem gröſseren Kreise wird die gesuchte Linie bestimmen.

Beweis.

Es ist (Fig. 29) $\left.\begin{matrix}N\\AX\end{matrix}\right\}\left\{\begin{matrix}=\\>\end{matrix}\right\}AC,\quad \left.\begin{matrix}N\\AX\end{matrix}\right\}\left\{\begin{matrix}=\\<\end{matrix}\right\}QN$

also $AX < AE$

und (Fig. 30) $\left.\begin{matrix}N\\AX\end{matrix}\right\}\left\{\begin{matrix}=\\<\end{matrix}\right\}AC,\quad \left.\begin{matrix}N\\AX\end{matrix}\right\}\left\{\begin{matrix}=\\>\end{matrix}\right\}QN$

also $AX > AD$

folglich $XV\left\{\begin{matrix}=\\<\end{matrix}\right\}XW$

mithin $AVB\left\{\begin{matrix}=\\>\end{matrix}\right\}\left\{\begin{matrix}AWB\\AVY\end{matrix}\right.$ (El. I. 21.) (El. III 31.)

somit $AY\left\{\begin{matrix}=\\<\end{matrix}\right\}AB$

Es läſst sich also eine Sehne = AY in den grösseren Kreis legen. Ist sie = AB, so ist AC die gesuchte Linie, wie von selbst erhellet. Ist sie kleiner, als AB, wie AT, so ist

$$\text{(El. VI. 17.)}\quad \left.\begin{matrix} AX.XY \\ XV^2 \\ CU^2 \end{matrix}\right\} \begin{Bmatrix} = \\ < \end{Bmatrix} \left\{\begin{matrix} (\tfrac{1}{2}AY)^2 \text{ (El. II. 5.)} \\ AZ^2 \end{matrix}\right.$$

$$\text{also } CU \begin{Bmatrix} = \\ < \end{Bmatrix} AZ$$

$$\text{folglich } EC \begin{Bmatrix} = \\ > \end{Bmatrix} EZ$$

mithin fällt die Tangente FG mit der Tangente FN zusammen, in welchem Falle QN die verlangte Linie ist, wie von selbst erhellet, oder sie schneidet den kleineren Kreis in zwey Punkten K,M. Verlängert man FG bis zum Durchschnitt mit dem gröſseren Kreise in H, und zieht durch H,E die den kleineren Kreis in O,P schneidende gerade Linie, so ist

$$\begin{aligned} KH.HM &= OH.HP \text{ (El. III. 36.)} \\ &= HE^2 - EO^2 \text{ (El. II. 6.)} \\ &= UE^2 - EC^2 \\ &= UC^2 \\ &= VX^2 \\ &= AX.XY \end{aligned}$$

$$\text{Nun ist auch } \left.\begin{matrix} HL \\ HM + \begin{Bmatrix} ML \\ KH \end{Bmatrix} \end{matrix}\right\} = \left\{\begin{matrix} AT \\ AY \\ AX+XY \end{matrix}\right.$$

$$\text{also } HK = \left\{\begin{matrix} AX \\ N \end{matrix}\right.$$

Anm. Es erhellet von selbst, daſs auch die Linien LM, RN, DB, welche zwischen den Bogen DBR, DN liegen, dieselben Eigenschaften haben, wie HK, QN, AC, und daſs sie auf demselben Wege, wie die letztgenannten, und von denselben unabhängig, gefunden werden können.

Fall 4. (Fig. 31. 32.)

Der gegebene Punkt F liegt zwischen beiden Kreisen. Die gesuchte Linie soll, wenn FN den kleineren Kreis in N berührt und verlängert den gröſseren in Q schneidet, liegen zwischen den Bogen AQ, CN in Fig. 31. oder Fig. 32.

Anal. Det. Constr. Bew. und Anm. buchstäblich wie Fall 3.

Fall 5. (Fig. 33. 34.)

Der gegebene Punkt F liegt innerhalb des kleineren Kreises. Die gesuchte Linie soll, wenn auf AF in F ein den kleineren und gröſseren Kreis in N, Q schneidendes Perpendikel errichtet wird, liegen zwischen den Bogen AQ, CN in Fig. 33. oder Fig. 34.

Analysis.

Es sey HK die gesuchte Linie. Zieht man durch H und den Mittelpunkt E die gerade Linie HE, welche den kleineren Kreis in O, P schneide, so ist

$$\left.\begin{matrix} PH.HO \\ KH.HM \end{matrix}\right\} = HE^2 - EO^2 \text{ (El. II. 6.)}$$

also ist das Rechteck KH.HM der Gröſse nach gegeben. Da nun auch KH=N gegeben ist, so ist HM (Dat. 2.), somit

$$\left\{\begin{matrix} \left.\begin{matrix} KH \\ ML \end{matrix}\right\} + HM \\ HL \end{matrix}\right\}$$

gegeben, mithin die Aufgabe auf Buch I. Aufg. 1. zurückgeführt.

Determination.

Es ist (Fig. 33.) $KH > \left\{\begin{matrix} HO \\ AC \end{matrix}\right.$

$$\text{und } \left.\begin{matrix} KH.HM \\ HG^2 - GK^2 \end{matrix}\right\} \begin{matrix} = HE^2 - EO^2 \\ = QE^2 - EN^2, \end{matrix}$$

wenn EGQ=R, und EQ, EN gezogen sind,

$=QF^2-FN^2$ (El. I. 47.)

Nun ist $EG<EF$ (El. I. 19.)

also $KM>IN$ (El. III. 15.), wenn QF den kleineren Kreis in I schneidet.

folglich $GK>FN$

mithin $GK^2>FN^2$

somit $GH^2>FQ^2$

und $GH>FQ$

also $\left.\begin{matrix}HG+GK\\ HM\end{matrix}\right\}>\left\{\begin{matrix}QF+FN\\ RN\end{matrix}\right.$, wenn QF den grösseren Kreis in R schneidet.

Da aber $KH.HM=QF^2-FN^2$

$=RN.NQ$ (El. II. 5.)

so ist $KH:QN=RN:HM$ (El. VI. 16.)

folglich $QN>KH$ (El. V. 14.)

mithin mufs $N\overset{=}{>}AC$, $N\overset{=}{<}QN$ seyn.

In Fig. 84 ist $HK<\left\{\begin{matrix}HO & \text{und} & KH.HM\\ AC & & HG^2-GK^2\end{matrix}\right\}\begin{matrix}=EH^2-EO^2\\ =EQ^2-EN^2\end{matrix}$

wenn $EGK=R$, u. $EQ$, $GN$ gezogen sind, $=QF^2-FN^2$

Nun ist $GE<EF$

also $KM>TN$

folglich $GK>FN$

mithin $GK^2>FN^2$

somit $GH^2>FQ^2$

und $GH>FQ$

$$\text{als } \left.\begin{matrix}HG+GK\\ HK\end{matrix}\right\} > \left\{\begin{matrix}QF+FN\\ QN\end{matrix}\right.$$

---

folglich muſs $N \underset{<}{=} AC$, $N \underset{>}{=} QN$ seyn.

Constr. Buchstäblich, wie zu Fall 3.

B e w e i s.

$$\text{Es ist (Fig. 33.) } \left.\begin{matrix}N\\ AX\end{matrix}\right\} \underset{>}{=} AC\text{, } \left.\begin{matrix}N\\ AX\end{matrix}\right\} \underset{<}{=} QN$$

---

$$\text{also } AX < AE$$

$$\text{und (Fig. 34.) } \left.\begin{matrix}N\\ AX\end{matrix}\right\} \underset{<}{=} AC\text{, } \left.\begin{matrix}N\\ AX\end{matrix}\right\} \underset{>}{=} QN$$

---

$$\text{also } AX > AD$$

---

$$\text{folglich } XV \underset{<}{=} XW$$

---

$$\text{mithin } AVB \underset{>}{=} \left\{\begin{matrix}AWB\\ AVY\end{matrix}\right.$$

---

$$\text{somit } AY \underset{<}{=} AB$$

Es läſst sich also eine Sehne $= AY$ in den grösseren Kreis legen. Ist sie $= AB$, so ist AC die gesuchte Linie, wie von selbst erhellet. Ist sie $< AB$, wie AT, so ist

$$\begin{aligned} \left.\begin{matrix}AX \cdot XY\\ AS \cdot ST\end{matrix}\right\} &= VX^2 \\ &= CU^2 \quad \text{wenn } SA = AX, \\ &= UE^2 - EC^2 \\ &= QE^2 - EN^2 \end{aligned}$$

$= QF^2 - FN^2$
$= QN . NR$

also $AS : QN = NR : ST$

Da $AS \lesseqgtr QN$ (Fig. 33.)

so ist $NR \lesseqgtr ST$

folglich $\left.\begin{matrix} TS - SA \\ 2SZ \end{matrix}\right\} \geqq \left\{\begin{matrix} RN - NQ \\ 2FN \end{matrix}\right.$

und $SZ \geqq FN$

Da $AS \geqq QN$ (Fig. 34.)

so ist $NR \geqq ST$

folglich $\left.\begin{matrix} AS - ST \\ 2SZ \end{matrix}\right\} \geqq \left\{\begin{matrix} QN - NR \\ 2FN \end{matrix}\right.$

und $SZ \geqq FN$

Nun ist $AS . ST = AZ^2 - ZS^2$ (Fig. 33. 34.)

mithin $AZ^2 - ZS^2 = QF^2 - FN^2$

somit $AZ^2 \geqq QF^2$

und $AZ \geqq QF$

also $EZ \leqq EF$

Der aus E als Mittelpunkt mit einem Radius $= EZ$ beschriebene Kreis schneidet mithin die Linie EF in F, oder zwischen E, F. Im ersten Fall ist QN die gesuchte Linie, wie von selbst erhellet. Im zweiten läfst sich von F aus an jenen Kreis eine Tangente FG legen, welche den kleineren Kreis in K, M, den gröfseren in H, L schneide. Es ist, wenn die den kleineren Kreis in O, P schneidende gerade Linie HE gezogen wird,

$$
\begin{aligned}
KH.HM &= EH^2 - EO^2 \\
&= HE^2 - EC^2 \\
&= CU^2 \\
&= VX^2 \\
&= AX.XY
\end{aligned}
$$

$$
\begin{array}{r}
\text{Da auch } HL = \\
KH + HM
\end{array}
\left\{
\begin{array}{l}
AT \\
AY \\
AX + XY
\end{array}
\right.
$$

$$
\text{so ist } KH = \left(
\begin{array}{l}
AX \\
N
\end{array}
\right.
$$

Anm. Es erhellet von selbst, dafs auch die Linien LM, RI, DB, welche zwischen den Bogen BR, DI liegen, dieselben Eigenschaften haben, wie HK, QN, AC, und dafs sie auf demselben Wege, wie die letztgenannten, und ganz unabhängig von denselben gefunden werden können.

Allgemeine Anm. Da ein Kreis einen anderen zweimal schneidet, und sich von einem Punkte ausserhalb eines Kreises zwey Tangenten an denselben ziehen lassen, so giebt es immer eine zweite Linie von der gegebenen Eigenschaft, wenn sie durch den Durchschnitt zweier Kreise, oder durch Ziehung einer jener Tangenten bestimmt wird.

### Aufgabe II. (Fig. 35.—75.)

Zwischen zwey nicht concentrische Kreise, deren auf einer geraden Linie liegende Durchmesser der Lage und Gröſse nach gegeben sind, von einem Endpunkte dieser Durchmesser aus eine gerade Linie zu legen, welche einer gegebenen geraden Linie N gleich sey.

#### Fall 1. (Fig. 35—42.)

Die Kreise berühren einander

A) Inwendig. (Fig. 35—39.) Die gerade Linie soll gezogen werden

a) von dem Berührungspunkte A aus. (Fig. 35.)

#### Analysis.

Es sey DE die gesuchte Linie. Zieht man die Punkte D, E mit den Endpunkten C, B der Durchmesser durch gerade Linien zusammen, so ist

ADC=AEB (El. III. 31.), DAC=EAB,

---

also DA : AC=EA : AB (El. VI. 4.)

$$=\left\{\begin{matrix}EA-AD\\DE\\N\end{matrix}\right\}:\left(\begin{matrix}BA-AC\\BC\end{matrix}\right. \text{(El.V.19.)}$$

folglich ist (Dat. 2.) DA der Gröſse und (Dat. 28.) der Lage nach gegeben.

#### Determination.

Da DA:AC=DE:BC (Anal.), und DA < AC (El. III, 15.)

---

so ist DE < BC

---

also muſs $N \overset{=}{>} BC$ seyn.

### Construction.

Man mache ACF=R, FC=CB, CG=N, ziehe AF, GH#AC, HK#CF, beschreibe aus A als Mittelpunkt einen Kreis mit einem Radius =AK. Der Punkt, in welchem derselbe mit dem kleineren Kreise zusammenkommt, wird die gesuchte Linie bestimmen.

### Beweis.

$$\text{Es ist }\left.\begin{matrix}N\\CG\end{matrix}\right\}\left\{\begin{matrix}=\\>\end{matrix}\right\}\left\{\begin{matrix}BC\\CF\end{matrix}\right.$$

---

$$\text{also }AK\left\{\begin{matrix}=\\<\end{matrix}\right\}AC$$

Der aus A als Mittelpunkt mit einem Radius =AK beschriebene Kreis erreicht also den kleineren Kreis in C, oder in einem Punkte D zwischen A,C. Im ersten Fall ist CB die gesuchte Linie, wie von selbst erhellet. Im zweiten ist, wenn DC,EB gezogen werden,

$$\left.\begin{matrix}\left.\begin{matrix}DA\\AK\end{matrix}\right\}:AC\\ \text{(El.VI.4.)}\,KH:\left\{\begin{matrix}CF\\CB\end{matrix}\right\}\end{matrix}\right\}=\left\{\begin{matrix}EA:AB\\ \left\{\begin{matrix}EA-AD\\DE\end{matrix}\right\}:\left\{\begin{matrix}BA-AC\\BC\end{matrix}\right.\end{matrix}\right.$$

---

$$\text{also }\left.\begin{matrix}KH\\CG\\N\end{matrix}\right\}=DE$$

b.) von dem anderen Endpunkte D des grösseren Durchmessers (Fig. 36. 37.). Die gesuchte Linie soll, wenn DZ den kleineren Kreis in Z berührt, den grösseren in S schneidet, zwischen den Bogen SB,BZ (Fig. 36.), oder SB, AZ (Fig. 37.) liegen.

### Analysis.

Es sey TU die gesuchte Linie, welche den kleineren Kreis in V schneide. Macht man AY=YB, AWD=YXD=R, und zieht BU, so ist

$$BY : YA = UX : XW \quad \text{(El. VI. 2.)}$$

$$\text{also } UX = XW$$

$$\text{folglich } TU = WV$$

$$\text{Ferner ist } \left.\begin{array}{r} AD : DB \\ N : P \end{array}\right\} \begin{array}{l} = WD : DU \quad \text{(El. VI. 2.)} \\ = VD - TU : DT + TU, \text{ wenn } AD : DB = N : P, \\ = VD - N : DT + N \end{array}$$

$$\begin{array}{r} \text{mithin } AD : DB \\ \text{(El. VI. 1.) } AD.DB : BD^2 \end{array}\left.\right\} \begin{array}{l} = VD : DT + N + P \text{ (El. V. 12.)} \\ = VD.DT : DT(DT + N + P) \end{array}$$

$$\text{also } BD^2 = DT(DT + N + P) \text{ (El. III. 36.)}$$

folglich ist das Rechteck DT(DT+N+P) der Grösse nach gegeben. Da auch (DT+N+P)−DT=N+P gegeben ist (Dat. 2.3.), so ist DT (Dat. 85.) der Grösse und (Dat. 28.) der Lage nach gegeben.

### Determination.

$$\text{Es ist (Eig. 36.) } DB > BA$$

$$\text{also } \left.\begin{array}{r} \tfrac{1}{2}DB \\ B\beta \end{array}\right\} > \left\{\begin{array}{l} \tfrac{1}{2}BA \\ BY, \text{ wenn } B\beta = \beta D, \end{array}\right.$$

$$\text{folglich } SY > YU \quad \text{(El. III. 7.)}$$

$$\begin{array}{r} \text{mithin } YS^2 \\ \text{(El. I. 47) } YZ^2 + ZS^2 \end{array}\left.\right\} > \left\{\begin{array}{l} YU^2 \\ VU.UT + YZ^2 \text{ (El. II. 6. III 36)} \end{array}\right.$$

$$\text{somit } ZS^2 > VU.UT$$

$$\text{also } VU : ZS < SZ : TU \text{ (Hauber l. c. §. 53.)}$$

Nun ist $UD > DS, VD < DZ$ (El. III. 8.)

folglich $\left.\begin{matrix}UD-DV\\VU\end{matrix}\right\} > \left\{\begin{matrix}SD-CZ\\SZ\end{matrix}\right.$

mithin $SZ > TU$ (Hauber l. c. §. 11.)

also muſs $N \underset{<}{=} SZ$ seyn.

Es ist (Fig. 37.)

$UD > DS, TD < DZ$ auch $BD > DU, AD < DF$

folglich $\left.\begin{matrix}UD-DT\\TU\end{matrix}\right) > \left(\begin{matrix}SD-DZ\\SZ\end{matrix}\right.$ folglich $\left.\begin{matrix}BD-DA\\AB\end{matrix}\right) > \left(\begin{matrix}UD-DT\\YU\end{matrix}\right.$

also muſs $N = SZ$, $N = AB$ seyn.

### Construction.

Man mache $EDB = BDP = R$, $ED = DB = DP$, $DN = N$, $NL \# AE$, $LM \# DN$, $NM \# DE$, $ON = NM$, $DOQ = R$, $PQ \# DB$, beschreibe über QE als Durchmesser einen Kreis, welcher die verlängerte BD in R schneide, und aus D als Mittelpunkt mit einem Radius $= DR$ einen zweiten. Der Durchschnitt desselben mit dem kleineren Kreise wird die gesuchte Linie bestimmen.

### Beweis.

Es ist (Fig. 36.) $DR . RO = OQ . DE$ *)

$= PD . DE$ (Constr.)

$= DB^2$ (Constr.)

also $RO : DB = BD : DR$ (El. VI. 17.)

*) Des Apollonius von Perga Bücher *de Sectione determinata*, frey bearbeitet von Diesterweg, Bonn 1822. pag. 5.)

Es ist aber $OR > RD$

folglich auch $BD > DR$ (El. II, 5.)

In Fig. 37. ist $N \overset{=}{<} AB$

also $ND(BD+DA) \overset{=}{<} \left\{\begin{array}{l}(BD-DA)(BD+DA) \\ BD^2-DA^2 \text{ (El. II. 5.)}\end{array}\right.$

$$\begin{array}{l}\text{folglich } DA^2+\left\{\begin{array}{l}ND.DB \\ AD.DL\end{array}\right\}+ND.DA \\ \text{(El. VI. 16.)} \\ \qquad AD^2+(ND+DL)AD \\ \qquad AD^2+2\alpha D.DA\end{array}\left.\vphantom{\begin{array}{l}1\\1\\1\\1\end{array}}\right\} \overset{=}{<} \left\{\begin{array}{l}BD^2 \\ DR.RO \\ R\alpha^2-\alpha D^2, \\ \text{wenn } D\alpha=\alpha O,\end{array}\right.$$

mithin $AD^2+2\alpha D.DA+D\alpha^2 \overset{=}{<} R\alpha^2$

somit $AD+D\alpha \overset{=}{<} R\alpha$

und $AD \overset{=}{<} \left\{\begin{array}{l}R\alpha-\alpha D \\ DR\end{array}\right.$

Ferner ist $SZ \left\{\begin{array}{c}\neq \\ > \\ = \\ <\end{array}\right\} N$ (Det.), wenn das $\left\{\begin{array}{l}\text{obere} \\ \text{untere}\end{array}\right\}$ Zeichenpaar sich auf Fig. $\left\{\begin{array}{l}36. \\ 38.\end{array}\right\}$ bezieht, und DZ den kleineren Kreis in Z berührt, den größeren in S schneidet,

$$\left.\begin{array}{r}\text{also } SZ : ZD\\ \text{wenn } BY=YA,\ BY : YD\\ 2BY:2YD\\ BD-DA : BD+DA\end{array}\right\}\left\{\begin{array}{c}=\\>\\=\\<\end{array}\right\}ND : DZ \quad \text{(El. V. 8.)} \quad \text{(El. III. 31. 16.)}$$

$$\text{Es ist auch } AD : \left\{\begin{array}{c}DE\\DB\end{array}\right\} = ND : DL \quad \text{(El. VI. 2.)}$$

---

$$\text{also } AD+DB : AD = \left\{\begin{array}{c}ND+DL\\2\alpha D\end{array}\right\} : DN \quad \text{(El. V. 18.)}$$

---

$$\text{folglich } BD-DA : AD\left\{\begin{array}{c}=\\>\\=\\<\end{array}\right\}2\alpha D : DZ \quad \text{(El. V. 21. Hauber §. 32.)}$$

---

$$\text{mithin } AD : DB\left\{\begin{array}{c}=\\<\\=\\>\end{array}\right\}DZ : 2\alpha D+DZ \quad \text{(El. V. 18 und Hauber §. 19. 5.)}$$

---

$$\left.\begin{array}{r}\text{somit } AD:DZ\\ \text{(El. II. 36. VI. 17.)}\ ZD:DB\end{array}\right\}\left\{\begin{array}{c}=\\<\\=\\>\end{array}\right\}BD : 2\alpha D+DZ \quad \text{(El. V. 16. und Hauber §. 43.)}$$

---

$$\text{also } DZ^2+2\alpha D.DZ\left\{\begin{array}{c}=\\<\\=\\>\end{array}\right\}\left\{\begin{array}{l}BD^2\\R\alpha^2-\alpha D^2\end{array}\right. \quad \text{(El. VI. 17. und Hauber §. 53.)}$$

---

$$\text{folglich } DZ^2+2\alpha D.DZ+D\alpha^2\left\{\begin{array}{c}=\\<\\=\\>\end{array}\right\}RA^2$$

---

$$\text{mithin } ZD+D\alpha\left\{\begin{array}{c}=\\<\\=\\>\end{array}\right\}R\alpha$$

$$\text{somit } DZ \begin{Bmatrix} = \\ > \\ = \\ < \end{Bmatrix} \begin{Bmatrix} R\alpha - \alpha D \\ DR \end{Bmatrix}$$

Der aus D als Mittelpunkt mit einem Radius $=DR$ beschriebene Kreis schneidet also den kleineren Kreis in Z, oder in einem Punkte T zwischen $\begin{Bmatrix} B, Z \\ A, Z \end{Bmatrix}$ Fig. $\begin{Bmatrix} 36. \\ 37. \end{Bmatrix}$. Im ersten Fall ist SZ die gesuchte Linie, wie von selbst erhellet. Zieht man im anderen DT, welche den kleineren und grösseren Kreis in V,U schneide, so ist

$$\begin{aligned} BD^2 &= DR.RO \\ &= DR(RD+DN+NO) \end{aligned}$$

$$\text{also } \left.\begin{array}{r} AD.DB : BD^2 \\ AD : DB \\ ND : \begin{Bmatrix} DL \\ N \end{Bmatrix} \end{array}\right\} = \begin{cases} VD.DT : DR(RD+DN+NO) \\ VD : RD+DN+NO \end{cases}$$

$$\left.\begin{array}{r} \text{mithin } AD : DB \\ (\text{El.VI.2.})\, WD : DU \\ \\ VD-TU : DT+TU \end{array}\right\} \begin{array}{r} = VD-DN : RD+DN \text{ (El.V.19.)} \\ \text{wenn } AWD=R, \text{ und } BU \text{ gezogen wird,} \\ \text{weil } WX : XU = AY : YB, \\ \text{wenn } DXY=R \end{array}$$

$$\text{also } WX = XU$$

$$\text{folglich } VW = TU$$

$$\text{also } VD+DT : DT+TU = VD+DR : RD+DN \text{ (El.V.18.)}$$

$$\text{folglich } DT+TU = RD+DN \text{ (El. V. 9.)}$$

$$\text{mithin } TU = \begin{cases} ND \\ N \end{cases}$$

c) Von dem anderen Endpunkte D des kleineren Durchmessers (Fig. 38. 39.). Die gesuchte Linie soll, wenn das in D auf AD errichtete Perpendikel den gröſseren Kreis in Z schneidet, zwischen die Bogen BZ,BUD (Fig. 38.), oder AZ,BUD (Fig. 39.) fallen.

Analysis.

Es sey TU die gesuchte Linie, welche den grösseren Kreis in V schneide. Macht man AY=YB, AWD=YXD=R, und giebt BU, so ist

$$BY : YA = UX : XW$$

$$\text{also } UX = XW$$

$$\text{folglich } TU = VW$$

Ferner ist AD : DB = WD : DU
wenn AD:DB=N:P;N:P = VD−TU:DT−TU (Fig. 38.)
= VD−N : DT−N
= TU−DV:TU−DT (Fig. 39)
= N−VD : N−DT

$$\left.\begin{matrix}\text{mithin } AD : DB \\ AD.DB : BD^2\end{matrix}\right\} = \left\{\begin{matrix}VD:DT+P-N \text{ (El. V. 12.19.)} \\ VD.DT:DT(DT+P-N)\end{matrix}\right.$$

$$\text{also } BD^2 = DT(DT+P-N)$$

folglich ist das Rechteck DT(DT+P—N) gegeben. Da nun auch (DT+P—N)—DT=P—N gegeben ist, so ist DT (Dat. 85.) der Gröſse und (Dat. 28.) der Lage nach gegeben.

Anm. Wenn AD=DB, also N<P, so wird $BD^2 = DT(DT-(N-P))$, übrigens aber wird verfahren, wie folgt.

### Determination.

Es ist (Fig. 38.) $DB<BA$

also $\left.\begin{matrix}\frac{1}{2}DB\\ B\beta\end{matrix}\right\} < \left\{\begin{matrix}\frac{1}{2}BA\\ BY\end{matrix}\right.$, wenn $B\beta=\beta D$,

folglich $\beta T<\beta Z$

mithin $\left.\begin{matrix}\beta T^2\\ DT.TU+\beta D^2\end{matrix}\right\} < \left\{\begin{matrix}\beta Z^2\\ \beta D^2+DZ^2\end{matrix}\right.$ (El.II.6.III.36.)

somit $DT.TU<DZ^2$

also $DT : DZ<DZ : TU$ (Hauber l. c. §. 53.)

Es ist aber $DT>DZ$

folglich $DZ>TU$ (Hauber l. c. §. 11.)

mithin mufs $N\leqq DZ$ seyn.

Es ist (Fig. 39.) $XY<YD$, $UT<TV, TV<AB$

also $TX>DZ$ also $TU<AB$

folglich $TU<DZ$

mithin mufs $N\leqq DZ, N\geqq AB$ seyn.

### Construction.

Man mache $BDE=BDP=R$, $ED=DR=DP$, $DN=N$, $NL\#AE$, $LM\#DN$, $NM\#DE$, $ON=NM$, $DOQ=R$, $PQ\#DB$, beschreibe über QE als Durchmesser einen Kreis, welcher die verlängerte AD in R schneide, und aus D als Mittelpunkt mit einem Radius $=DR$ einen zweiten. Der Durchschnitt desselben mit dem grösseren Kreise wird die gesuchte Linie bestimmen.

**Beweis.**

Es ist (Fig. 38.) $DR.RO = BD^2$ *)

also $RO : DB = BD : DR$ (El. VI. 17.)

Es ist aber $RO < DR$

folglich auch $BD < DR$ (El. II. 4.)

Es ist (Fig. 39.) $N \overset{=}{>} AB$ (Det.)

$$\text{also } ND(BD-DA) \overset{=}{>} \left\{ \begin{matrix} (BD+DA)(BD-DA) \\ BD^2 - DA^2 \end{matrix} \right.$$

$$\left.\begin{matrix} \text{folglich } DA^2 + \left\{ \begin{matrix} ND.DB \\ AD.DL \end{matrix} \right\} - ND.DA \\ AD^2 + \left\{ \begin{matrix} (LD-DN)AD \\ 2\alpha D.DA \end{matrix} \right\} \end{matrix} \right\} \overset{=}{<} \left\{ \begin{matrix} BD^2 \\ R\alpha^2 - \alpha D^2 \text{ (El. II. 6.), wenn } D\alpha = \alpha O, \end{matrix} \right.$$

$$\text{mithin } AD^2 + 2\alpha D.DA + D\alpha^2 \overset{=}{>} R\alpha^2$$

$$\text{somit } AD + D\alpha \overset{=}{>} R\alpha$$

$$\text{und } AD \overset{=}{<} \left\{ \begin{matrix} R\alpha - \alpha D \\ DR \end{matrix} \right.$$

Ferner ist $DZ \left\{ \begin{matrix} = \\ > \\ = \\ < \end{matrix} \right\} N$, wenn das $\left\{ \begin{matrix} \text{obere} \\ \text{untere} \end{matrix} \right\}$ Zeichenpaar sich auf Fig. $\left\{ \begin{matrix} 38. \\ 39. \end{matrix} \right\}$ bezieht.

$$\left.\begin{matrix} \text{also } DZ^2 \\ \text{(El. VI. 17) } AD.DB \end{matrix} \right\} \left\{ \begin{matrix} = \\ > \\ = \\ < \end{matrix} \right\} ND.DZ$$

*) Apollonius *de Sect. det. pag.* 5.

$$\text{folglich } BD : DZ \left\{\begin{matrix} = \\ > \\ = \\ < \end{matrix}\right\} \left\{\begin{matrix} ND : DA \ (\text{El. VI. 16. u. H. §. 52.}) \\ \left\{\begin{matrix} ND(BD-DA) \\ AD.(DL-N) \end{matrix}\right\} : DA(BD-DA) \\ \qquad (\text{El. VI. 16.}) \\ \left\{\begin{matrix} DL-N \\ 2D\alpha \end{matrix}\right\} : BD-DA \end{matrix}\right.$$

---

$$\text{mithin } BD^2 - BD.DA \left\{\begin{matrix} = \\ > \\ = \\ < \end{matrix}\right\} 2\alpha D.DZ \ (\text{El. VI. 16. Hauber §. 52.})$$

---

$$\text{somit } \left.\begin{matrix} BD^2 \\ R\alpha^2 - \alpha D^2 \end{matrix}\right\} \left\{\begin{matrix} = \\ > \\ = \\ < \end{matrix}\right\} BD.DA + 2\alpha D.DZ$$

---

$$R\alpha^2 \left\{\begin{matrix} = \\ > \\ = \\ < \end{matrix}\right\} DZ^2 + 2\alpha D.DZ + D\alpha^2$$

---

$$\text{folglich } R\alpha \left\{\begin{matrix} = \\ > \\ = \\ < \end{matrix}\right\} ZD + D\alpha$$

---

$$\text{mithin } \left.\begin{matrix} R\alpha - \alpha D \\ DR \end{matrix}\right\} \left\{\begin{matrix} = \\ > \\ \pm \\ < \end{matrix}\right\} DZ$$

Der aus D als Mittelpunkt mit einem Radius = DR beschriebene Kreis erreicht also den Bogen $\left\{\begin{matrix} \text{AZ in A, oder Z} \\ \text{BZ in Z} \end{matrix}\right\}$, oder in einem Punkte T zwischen $\left\{\begin{matrix} A,Z \\ B,Z \end{matrix}\right\}$ Fig. $\left\{\begin{matrix} 39. \\ 38. \end{matrix}\right\}$ Im ersten Fall (Fig. 39.) ist AB, im ersten (Fig. 38.) und zweiten (Fig. 39.) ist DZ die gesuchte Linie, wie leicht erhellet. Im zweiten (Fig. 38.) und dritten (Fig. 39.) ist

$$BD^2 = DR.RO$$
$$= DR(RD+ON-ND)$$

also $\left.\begin{array}{r} AD.DB : BD^2 \\ AD : DB \\ ND : \left\{\begin{array}{l} DL \\ ON \end{array}\right\} \end{array}\right\} = \left\{\begin{array}{l} VD.DT:DR(RD+ON-ND) \\ VD:DR+ON-ND \end{array}\right.$

folglich (Fig. 38.) $\left.\begin{array}{r} AD:DB \\ \text{(El. VI. 2.)}\ WD:DU \\ VD-TU:DT-TU \end{array}\right\} = VD\text{-}DN:RD\text{-}DN$ (El.V.19)

wenn $VWD=R$, und BU gezogen wird,

weil $WX:XU=AY:YB$

also $WX=XU$

folglich $VW=TU$

also $TD-DV:DT-TU=RD\text{-}DV:RD-DN$ (El.V18)

folglich $DT-TU=RD-DN$

mithin $TU = \left\{\begin{array}{l} DN \\ N \end{array}\right.$

Es ist (Fig. 39.) $\left.\begin{array}{r} AD:DB \\ WD:DU \\ TU-DV:UT-TD \end{array}\right\} = ND\text{-}DV:ND\text{-}DR$ (El.V.19.)

wenn $AWD=R$, und BU gezogen wird,

weil $WX:XU=AY:YB$

also $WX=XU$

folglich $VW=TU$

also $VD-DT:UT-TD=VD-DR:ND-DR$

folglich $UT-TD=ND-DR$

mithin $\left.\begin{array}{r} ND \\ N \end{array}\right\} = TU$

B) Auswendig (Fig. 40—42.) Die gerade Linie soll gezogen werden

a) von dem Berührungspunkte aus. (Fig. 40.)

Anal. Det. Constr. und Bew. buchstäblich, wie zu A. a., wenn man daselbst statt $\left\{\begin{matrix} EA-AD \\ BA-AC \end{matrix}\right\}$ setzt $\left\{\begin{matrix} EA+AD \\ BA+AC \end{matrix}\right\}$

b) von dem anderen Endpunkte D eines Durchmessers BD aus (Fig. 41. 42.). Die gesuchte Linie soll, wenn DZ den über AB beschriebenen Kreis in Z berührt, den anderen in S schneidet, zwischen den Bogen SB,BZ (Fig. 41.), oder SB,AZ (Fig. 42.) liegen.

## Analysis.

Es sey TU die gesuchte Linie, welche den über AB liegenden Kreis in V schneide. Macht man AY=YB, AWD=YXD=R, und zieht BU, so ist

$$BY : YA = UX : XW$$

$$\text{also } UX = XW$$

$$\text{folglich } TU = WV$$

$$\begin{matrix} \text{Ferner ist } AD:DB \\ \text{wenn } AD:DB=N:P;\ N:P \end{matrix}\left.\right\} \begin{matrix} =WD:DU \\ =VD+TU:DT-TU \\ =VD+N:DT-N \end{matrix}$$

$$\text{also } \left.\begin{matrix} AD:DB \\ AD.DB:BD^2 \end{matrix}\right\} = \left\{\begin{matrix} VD:DT-N-P \\ VD.DT:DT(DT-N-P) \end{matrix}\right.$$

$$\text{folglich } BD^2 = DT(DT-N-P)$$

mithin ist das Rechteck DT(DT−N−P) der Grösse nach gegeben. Da auch DT−(DT−N−P)=N+P gegeben ist, so ist DT (Dat. 85.) der Gröſse und (Dat. 28.) der Lage nach gegeben.

Determination.

Es ist (Fig. 41.) $ZD > DT, UD > DS$

$$\text{also } \left.\begin{matrix} ZD - DS \\ ZS \end{matrix}\right\} > \left\{\begin{matrix} TD - DU \\ TU \end{matrix}\right.$$

folglich muſs $N \overset{=}{<} ZS$ seyn

Es ist (Fig. 42.) $ZS:SD = YB:BD$, $BY:YD = UX:XD$
$= XU:UD$

| | |
|---|---|
| Es ist aber $SD < DU$, | $YD > DX$ |
| also $ZS < UX$, | $BY > UX$ |
| folglich $ZS < TU$, | Da $AY > TX$ |

$$\text{so ist } \left.\begin{matrix} AY + YB \\ AB \end{matrix}\right\} > \left\{\begin{matrix} TX + XU \\ TU \end{matrix}\right.$$

mithin muſs $N \overset{=}{>} ZS$, $N \overset{=}{<} AB$ seyn.

Construction.

Man mache $BDE = BDP = R$, $ED = DB = DP$, $DN = N$, $NL \# AE$, $LM \# DN$, $NM \# DE$, $ON = NM$, $DOQ = R$, $PQ \# DB$, beschreibe über QE als Durchmesser einen Kreis, welcher die verlängerte DO in R schneide, und aus D als Mittelpunkt mit einem Radius = DR einen zweiten. Der Punkt, in welchem derselbe mit dem über AB beschriebenen Kreise zusammentrifft, wird die gesuchte Linie bestimmen.

Beweis.

Es ist (Fig. 41.) $DR.RO = OQ.DE$
$= BD^2$

also $RD:DB = BD:RO$

$$\text{Da aber } DR > RO$$

$$\text{so ist } RD > DB$$

$$\text{Es ist (Fig. 42.) } N \overset{=}{<} \left\{\begin{matrix} AB \\ AD - DB \end{matrix}\right.$$

$$\text{also } ND(AD+DB) \overset{=}{<} AD^2 - DB^2$$

$$\text{folglich } \left.\begin{matrix} DB^2 \\ DR.RO \\ R\alpha^2 - \alpha D^2 \end{matrix}\right\} \overset{=}{<} AD^2 \left\{\begin{matrix} -ND.DA - \left\{\begin{matrix} ND.DB \\ AD.DL \text{ (El. VI. 16)} \end{matrix}\right. \\ -2AD.D\alpha, \text{ wenn } D\alpha = \alpha O, \end{matrix}\right.$$

$$\text{mithin } R\alpha^2 \overset{=}{<} AD^2 - 2AD.D\alpha + D\alpha^2$$

$$\text{somit } \left.\begin{matrix} R\alpha + \alpha D \\ DR \end{matrix}\right\} \overset{=}{<} DA$$

Ferner ist $SZ \left\{\begin{matrix} = \\ > \\ = \\ < \end{matrix}\right\} N$, wenn $DZ$ den Kreis über $\left\{\begin{matrix} AB \text{ in } Z \text{ berührt} \\ DB \text{ in } S \text{ schneidet} \end{matrix}\right\}$, und das $\left\{\begin{matrix} \text{obere} \\ \text{untere} \end{matrix}\right\}$ Zeichenpaar sich auf Fig. $\left\{\begin{matrix} 41. \\ 42. \end{matrix}\right\}$ bezieht;

$$\text{also } \left.\begin{matrix} SZ:ZD \\ BY:YD \\ 2BY:2YD \\ AD-DB : AD+DB \end{matrix}\right\} \left\{\begin{matrix} = \\ > \\ = \\ < \end{matrix}\right\} ND : DZ \quad \text{wenn } BY = YA,$$

$$\text{Es ist auch } AD : \left\{\begin{matrix} DE \\ DB \end{matrix}\right\} = ND : \left\{\begin{matrix} DL \\ NO \end{matrix}\right.$$

$$\text{also } AD+DB:AD = \begin{Bmatrix} DN+NO \\ 2D\alpha \end{Bmatrix} : DN$$

$$\text{folglich } AD-DB:AD \begin{Bmatrix} = \\ > \\ = \\ < \end{Bmatrix} 2D\alpha:DZ$$ (El. V. 21. Hauber §. 32.)

$$\text{mithin } AD : DB \begin{Bmatrix} = \\ > \\ = \\ < \end{Bmatrix} DZ:DZ-2D\alpha$$ (El. V. 17. Hauber §. 28.)

$$\text{somit } \begin{matrix} AD : DZ \\ ZD:DB \end{matrix} \begin{Bmatrix} = \\ > \\ = \\ < \end{Bmatrix} BD:DZ-2D\alpha$$ (El. V. 16. Hauber §. 43.)

$$\text{also } DZ^2-2\alpha D.DZ \begin{Bmatrix} = \\ > \\ = \\ < \end{Bmatrix} \begin{Bmatrix} BD^2 \\ R\alpha^2-\alpha D^2 \end{Bmatrix}$$ (El. VI. 17. Hauber §. 53.)

$$\text{folglich } DZ^2-2\alpha D.DZ+D\alpha^2 \begin{Bmatrix} = \\ > \\ = \\ < \end{Bmatrix} R\alpha^2$$

$$\text{mithin } ZD-D\alpha \begin{Bmatrix} = \\ > \\ = \\ < \end{Bmatrix} R\alpha$$

$$\text{somit } DZ \begin{Bmatrix} = \\ > \\ = \\ < \end{Bmatrix} \begin{Bmatrix} R\alpha+\alpha D \\ DR \end{Bmatrix}$$

Der aus D als Mittelpunkt mit einem Radius = DR beschriebene Kreis erreicht also den Bogen $\begin{Bmatrix} BZ \text{ in } Z \\ AZ \text{ in } A, \text{ oder } Z \end{Bmatrix}$, oder einem Punkte T zwischen $\begin{Bmatrix} B, Z \\ A, Z \end{Bmatrix}$ Fig. $\begin{Bmatrix} 41. \\ 42. \end{Bmatrix}$. Im $\begin{Bmatrix} \text{ersten Fall (Fig. 41.} \\ \text{zweiten Fall (Fig. 42.} \end{Bmatrix}$ ist ZS, im ersten Fall (Fig. 42.) ist AB die gesuchte Linie, wie von selbst erhellet. Im $\left\{\begin{matrix}\text{zweiten Fall (Fig. 41.)}\\ \text{dritten Fall (Fig. 42.)}\end{matrix}\right\}$

$$\text{ist } BD^2 = DR.RO$$
$$= DR(RD-DN-NO)$$

$$\text{also } \left.\begin{matrix}AD.DB:BD^2\\ AD:DB\\ ND:DL\end{matrix}\right\} = \left\{\begin{matrix}VD.DT:DR(RD-DN-NO)\\ VD:RD-DN-NO\end{matrix}\right.$$

$$\text{folglich } \left.\begin{matrix}AD:DB\\ WD:DU\\ VD+TU:DT-TU\end{matrix}\right\} \begin{matrix}=VD+DN:RD-DN \text{(El. V 12)}\\ \text{wenn } AWD=R,\\ \text{weil } WX:XU=AY:YB,\\ \text{wenn } DXY=R\end{matrix}$$

$$\text{also } WX=XU$$

$$\text{folglich } VW=TU$$

$$\text{also } VD+DT:DT-TU=VD+DR:RD-DN$$

$$\text{folglich } DT-TU=RD-DN$$

$$\text{mithin } TU=\left\{\begin{matrix}ND\\ N\end{matrix}\right.$$

Fall 2. (Fig. 43–75.)

Die Kreise berühren einander nicht.

A) Der eine liegt innerhalb des anderen. (Fig. 43—53.)

a) Die gesuchte Linie soll gezogen werden von einem Endpunkte des gröſseren Durchmessers (Fig. 43=47.).

α) von demjenigen D, welcher von dem kleineren Kreise am weitesten entfernt ist (Fig. 43. 44.). Sie soll, wenn die gerade Linie DZ den inneren Kreis in Z berührt, den äusseren in S schneidet, liegen zwischen den Bogen CS, BZ in Fig. 43., oder Fig. 44.

### Analysis.

Es sey TU die gesuchte Linie, welche den kleineren Kreis in V schneide. Macht man $AY = YB$, $VW = TU$, $DWF = YXD = R$, und zieht CU, so ist

$$WX : XU = FY : YC \text{ (El. VI. 2.)}$$

$$\text{also } FY = YC$$

$$\text{folglich } AF = BC$$

mithin ist AF der Lage und Gröſse nach, somit der Punkt F (Dat. 30.) und die gerade Linie DF (Dat. 29.) gegeben.

$$\begin{array}{rl} \text{Ferner ist } FD:DC \\ \text{wenn } FD:DC = N:P; \quad N:P \end{array}\Bigg\} \begin{array}{l} = WD:DU \quad \text{(El. VI. 2.)} \\ = VD - TU : DT + TU \\ = VD - N : DT + N \end{array}$$

$$\begin{array}{r} \text{folglich } FD:DC \\ \text{wenn } FD.DC = AD:H; \quad AD:H \\ AD.DB:BD.H \end{array}\Bigg\} = \Bigg\{ \begin{array}{l} VD:DT+N+P \text{ (El. V. 12.)} \\ VD.DT:DT(DT+N+P) \end{array}$$

$$\text{also } BD.H = DT(DT+N+P) \text{ (El. III. 36.)}$$

Folglich ist wegen der gegebenen BD (p. hyp.) und H (Dat. 2.) das Rechteck $DT(DT+N+P)$ der Gröſse nach gegeben. Da auch $(DT+N+P) - DT = N+P$ gegeben ist, so ist DT (Dat. 85.) der Gröſse und (Dat. 28.) der Lage nach gegeben.

### Determination.

Es ist (Fig. 43) $DA > BC$ (p. hyp.)

$$\text{also } \begin{array}{c} DA + AY \\ DY \end{array}\Big\} > \Big\{ \begin{array}{c} CB + BY \\ CY \end{array}$$

$$\text{folglich } CY < \left\{\begin{matrix}\tfrac{1}{2}CD\\ C\beta\end{matrix}\right.$$

$$\text{mithin } UY < YS \text{ (El. III. 7.)}$$

$$\begin{matrix}\text{somit} & \left.\begin{matrix}UY^2\\ TU.UV+YZ^2\end{matrix}\right\} \begin{matrix}<\\<\end{matrix} \left\{\begin{matrix}YS^2\\ SZ^2+ZY^2\end{matrix}\right.\\ \text{(El. II. 6. III. 36.)} & \end{matrix}$$

$$\text{also } TU.UV < SZ^2$$

$$\text{folglich } UV:SZ < SZ:TU \text{ (Hauber §. 53.)}$$

$$\text{Nun ist } UD > DS,\ VD < DZ$$

$$\text{mithin } \left.\begin{matrix}UD-DV\\ UV\end{matrix}\right\} > \left\{\begin{matrix}SD-DZ\\ SZ\end{matrix}\right.$$

$$\text{somit } SZ > TU \quad \text{(Hauber §. 11.)}$$

$$\text{Ferner ist } UY > YC \text{ (El. III. 7.)}$$

$$\text{also } \left.\begin{matrix}UY-YK\\ UK\end{matrix}\right\} > \left\{\begin{matrix}YC-CB,\\ BC\end{matrix}\right. \text{ wenn } YK \text{ ein Radius ist,}$$

$$\text{folglich auch } TU > BC \text{ (El. III. 8.)}$$

$$\text{mithin mu\ss } N \overset{=}{<} SZ, N \overset{=}{>} BC \text{ seyn.}$$

$$\text{Es ist (Fig. 44.) } UD > DS,\ TD < DZ$$

$$\text{also } \left.\begin{matrix}UD-DT\\ UT\end{matrix}\right\} > \left\{\begin{matrix}SD-DZ\\ SZ\end{matrix}\right.$$

$$\text{Ferner ist } CD > DU,\ BD < DT$$

$$\text{also } \left.\begin{matrix}CD-DB\\ BC\end{matrix}\right\} < \left\{\begin{matrix}UD-DT\\ TU\end{matrix}\right.$$

$$\text{folglich mu\ss } N \overset{=}{>} SZ, N \overset{=}{<} BC \text{ seyn.}$$

**Construction.**

Man mache ADE=ADP=R, ED=DC, PD=DB, AF=BC, DN=N, NL#AG#FE, LM#DN, NM#DL,

ON=NM, DOQ=R, PQ#DO, beschreibe über GQ als Durchmesser einen Kreis, welcher die verlängerte RD in R schneide, und aus D als Mittelpunkt mit einem Radius = DR einen zweiten. Der Punkt, in welchem derselbe den Bogen BZ erreicht, wird die gesuchte Linie bestimmen.

Beweis.

Es ist $N \left\{\begin{array}{c} = \\ > \\ = \\ < \end{array}\right\} BC$ (Det.), wenn das $\left\{\begin{array}{l}\text{untere}\\ \text{obere}\end{array}\right\}$ Zeichenpaar sich auf Fig. $\left\{\begin{array}{l}43.\\ 44.\end{array}\right\}$ bezieht.

$$\left.\begin{array}{r} \text{also } ND(AD+DB) \\ ND(AD-BC)+\left\{\begin{array}{l} ND.DC \\ FD.DL \end{array}\right\} \\ (ND+DL)DF \end{array}\right\} \left\{\begin{array}{c} = \\ > \\ = \\ < \end{array}\right\} \left\{\begin{array}{l} BC(AD+DB) \\ AD.BC+DB.BC \\ \left\{\begin{array}{l} AD.DC \\ FD.DG \end{array}\right\} -(AD-BC)DB \quad \text{(El. VI. 16.)} \\ (GD-DB)DF \end{array}\right.$$

$$\left.\begin{array}{r} \text{folglich } ND+DL \\ DO \\ 2D\alpha \end{array}\right\} \left\{\begin{array}{c} = \\ > \\ = \\ < \end{array}\right\} GD-DB \qquad \text{wenn } D\alpha = \alpha O$$

$$\text{mithin } 2BD.D\alpha \left\{\begin{array}{c} = \\ > \\ = \\ < \end{array}\right\} GD.DB-BD^2$$

$$\text{somit } BD^2+2BD.D\alpha+D\alpha^2 \left\{\begin{array}{c} = \\ > \\ = \\ < \end{array}\right\} \left\{\begin{array}{l} \left\{\begin{array}{l} GD.DB \\ DR.RO \end{array}\right\} +D\alpha^2 \\ R\alpha^2 \end{array}\right.$$

$$\text{also } BD+D\alpha \left\{\begin{array}{c} = \\ > \\ = \\ < \end{array}\right\} R\alpha$$

$$\text{folglich } BD \begin{Bmatrix} = \\ > \\ = \\ < \end{Bmatrix} \begin{Bmatrix} R\alpha - \alpha D \\ DR \end{Bmatrix}$$

$$\text{Ferner ist } SZ \begin{Bmatrix} = \\ > \\ = \\ < \end{Bmatrix} N \text{ (Det.), wenn } DZ$$

den {kleineren / größeren} Kreis in {Z berührt / S scheidet}

---

$$\text{also ist } \left.\begin{matrix} SZ:ZD \\ CY:YD \\ 2CY:2YD \\ CD-DF:DC+DF \\ \text{(El. V. 17.18.) } YD-DA : GD+DA \end{matrix}\right\} \begin{Bmatrix} = \\ > \\ = \\ < \end{Bmatrix} ND:DZ \quad \text{wenn } CY=YA$$

$$\text{Es ist auch } AD : DG = ND : \begin{Bmatrix} DL \\ MN \\ NO \end{Bmatrix}$$

---

$$\text{folglich } GD+DA : AD = ON+ND:DN$$

---

$$\text{mithin } GD-DA : AD \begin{Bmatrix} = \\ > \\ = \\ < \end{Bmatrix} \begin{Bmatrix} ON+ND \\ 2D\alpha \end{Bmatrix} :DZ$$ (El. V. 21. Hauber §. 32.)

---

$$\text{somit } AD : DG \begin{Bmatrix} = \\ > \\ = \\ < \end{Bmatrix} DZ:DZD2D\alpha$$ (El. V. 18. Hauber §. 19.5.)

---

$$\text{also } \left.\begin{matrix} AD : DZ \\ ZD : DB \end{matrix}\right\} \begin{Bmatrix} = \\ > \\ = \\ < \end{Bmatrix} \begin{Bmatrix} GD:DZ+2D\alpha \\ DR.RO \\ R\alpha^2 - \alpha D^2 \end{Bmatrix}$$ (El. V. 16. Hauber §. 43.)

---

$$\text{folglich } DZ^2+2BD.D\alpha \left\{\begin{matrix} = \\ > \\ = \\ < \end{matrix}\right\} \left\{\begin{matrix} BD.DG \\ DR.RO \\ R\alpha^2-\alpha D^2 \end{matrix}\right. \quad \text{(El. VI, 17. Hauber §. 53)}$$

---

$$\text{mithin } DZ^2+2BD.D\alpha+\alpha D^2 \left\{\begin{matrix} = \\ > \\ = \\ < \end{matrix}\right\} R\alpha^2$$

---

$$\text{somit } ZD+DA \left\{\begin{matrix} = \\ > \\ = \\ < \end{matrix}\right\} R\alpha$$

---

$$\text{und } DZ \left\{\begin{matrix} = \\ > \\ = \\ < \end{matrix}\right\} \left\{\begin{matrix} R\alpha-\alpha D \\ DR \end{matrix}\right.$$

Der aus D als Mittelpunkt mit einem Radius =DR beschriebene Kreis erreicht also den Bogen BZ in B, oder Z, oder in einem Punkte T zwischen B,Z. Im ersten Fall ist BC, im zweiten SZ die gesuchte Linie, wie von selbst erhellet. Im Dritten ist

$$\begin{aligned} BD.DG &= DR.RO \\ &= DR(RD+DN+NO) \end{aligned}$$

---

$$\text{also } \left.\begin{matrix} AD.DB:BD.DG \\ AD:DG \\ ND:DL \end{matrix}\right\} \begin{matrix} =VD.DT:DR(RD+DN+DO), \\ \text{wenn die Linie DT den kleineren Kreis in V schneidet,} \\ =VD:RD+DN+NO \end{matrix}$$

---

$$\text{folglich } \left.\begin{matrix} ND:DL \\ FD:\left\{\begin{matrix} DE \\ DC \end{matrix}\right\} \\ WD:DU \end{matrix}\right\} =VD-DN:RD+DN$$

$$VD-TUD:T+TU$$

wenn DFW=R,
weil WX:XU=FY:YC,
wenn YX#FW,

also $\overline{WX=XU}$

folglich $\overline{WV=TU}$

mithin VD+DT:DT+TU=VD+DR:RD+DN

somit $\overline{DT+TU=RD+DN}$

also $TU=\begin{cases} DN \\ N \end{cases}$

β) von demjenigen, D, welcher dem kleineren Kreise am nächsten liegt (Fig. 45—47.). Sie soll, wenn die gerade Linie DZ den inneren Kreis in Z berührt, den äusseren in S schneidet, liegen zwischen den Bogen CS,BZ (Fig. 45. 47.), oder CS,AZ (Fig. 46.).

Analysis.

Es sey TU die gesuchte Linie, welche den kleineren Kreis in V schneide. Macht man AY=YB, VW=TU, DWF=YXD=R, und zieht CU, so ist

WX:XU=FY:YC

also $\overline{FY=YC}$

folglich $\overline{AF=BC}$

mithin ist AF der Lage und Gröfse nach, somit der Punkt F, und die gerade Linie DF gegeben.

Ferner ist FD:DC } =WD:DU
N:P } =TU−VD:DT+TU, wenn FD:DC=N:P, wobey P>N, weil CD>DF,
=N—VD:DT+N

also $\overline{N:P}$ } = { VD:P—N—DT
wenn FD:DC=AD:H, AD:H } { VD.DT:DT(P-N-DT)
AD.DB:BD.H }

also $\overline{BD.H=DT(P-N-DT)}$

folglich ist wegen der gegebenen BD,H das Rechteck DT(P—N—DT) der Gröſse nach gegeben. Da auch (P—N—DT)+DT=P—N gegeben ist, so ist (Dat. 86.) DT der Gröſse und (Dat. 28.) der Lage nach gegeben.

### Construction.

Man mache ADE=R=ADP, ED=DC, PD=DB, AF=BC, DN=N, NL#AG#FE, LM#DN, NM#DL, ON=NM, DOQ=R, PQ#DO, beschreibe über GQ als Durchmesser einen Kreis, welcher die gerade Linie DO in R erreiche, und aus D als Mittelpunkt mit einem Radius = DR einen zweiten. Der Punkt, in welchem derselbe den Bogen BZ erreicht, wird die gesuchte Linie bestimmen.

א) Es sey ZS<BC. Fig. $\left\{\begin{matrix}45.\\46.\end{matrix}\right\}$.

1) zu Fig. 45.

### Determination.

Damit der aus D als Mittelpunkt mit einem Radius = DR beschriebene Kreis den Bogen BZ erreiche, muſs seyn

$$\text{a) } \left.\begin{matrix}DR\\D\alpha+\alpha R\end{matrix}\right\} \leqq DB \text{ , wenn } D\alpha=\alpha O,$$

$$\text{also } \alpha R \leqq BD - D\alpha$$

$$\text{folglich } \left.\begin{matrix}\alpha R^2\\ D\alpha^2 - \left\{\begin{matrix}DR.RO\\BD.DG\end{matrix}\right\}\end{matrix}\right\} \leqq BD^2 - 2BD.D\alpha + D\alpha^2$$

*) S. Apollonius *de Sectione determinata pag.* 7.

$$\text{mithin } 2BD.D\alpha \overset{=}{<} BD^2+BD.DG$$

$$\text{somit } \left.\begin{matrix} 2D\alpha \\ \alpha D-DN \end{matrix}\right\} \overset{=}{<} BD+DG$$

$$\text{also } \left.\begin{matrix} \left.\begin{matrix} LD.DF \\ ND.DC \end{matrix}\right\} -ND.DF \\ ND(AD+DB) \end{matrix}\right\} \overset{=}{<} \left\{\begin{matrix} BD.DF+GD.DF \\ DB(BC-AD)+AD.DC \\ (AD+DB)BC \end{matrix}\right.$$

$$\text{folglich } \left.\begin{matrix} ND \\ N \end{matrix}\right\} \overset{=}{<} BC$$

$$\text{b) } \left.\begin{matrix} RD \\ D\alpha+\alpha R \end{matrix}\right\} \overset{=}{>} DZ$$

$$\text{also } \alpha R \overset{=}{>} ZD-D\alpha$$

$$\text{folglich } \left.\begin{matrix} \alpha R^2 \\ D\alpha^2-\left\{\begin{matrix} DR:DO \\ BD.DG \end{matrix}\right\} \end{matrix}\right\} \overset{=}{>} DZ^2-2ZD.D\alpha+\alpha D^2$$

$$\text{mithin } (2\alpha D-DZ)DZ \overset{=}{>} BD.DG$$

$$\text{somit } \left.\begin{matrix} ZD:DB \\ AD:DZ \end{matrix}\right\} \overset{=}{>} DG:2\alpha D-DZ$$ (El. VI. 16. Hauber §. 52.)

$$\text{also } AD:DG \overset{=}{>} DZ:2\alpha D-DZ$$ (El. V. 16. Hauber §. 43.)

$$\text{folglich } AD+DG:AD \overset{=}{<} 2\alpha D:DZ$$ (El. V. 18. Hauber §. 21.)

Es ist aber $AD:DG=ND:DL$

mithin $AD:GD-DA=ND:\left\{\begin{matrix}LD-DN\\ 2\alpha D\end{matrix}\right\}$

---

$$\begin{array}{rr} \text{somit} & AD+DG:GD-DA \\ \text{(El. VI. 4.)} & CD+DF:CD-DF \\ & 2CY:2DY \\ & CY:YD \\ \text{(El. VI. 2.)} & SZ:ZD \end{array}\left.\vphantom{\begin{array}{c}1\\1\\1\\1\\1\end{array}}\right\} \leqq ND:DZ$$

(El. V. 21. Hauber §. 32.) wenn $AY=YB$,

---

und $SZ \leqq \left\{\begin{matrix}ND\\ N\end{matrix}\right.$ (El. V. 9. 10.)

Beweis.

Es ist $SZ \leqq N$ (Det.)

---

$$\text{also } \left.\begin{array}{r} SZ:ZD \\ CY:YD \\ 2CY:2DY \\ CD+DF:CD-DF \\ GD+DA:GD-DA \end{array}\right\} \leqq ND:DZ$$

Da nun $AD:DG=ND:DL$

---

also $GD-DA:AD=LD-DN:ND$

---

so ist $GD+DA:AD \leqq 2\alpha D:DZ$

---

folglich $AD:DG \geqq DZ:2\alpha D-DZ$ (El. V. 17. Hauber §. 22.)

---

mithin $\left.\begin{array}{r} AD:DZ \\ ZD:DB \end{array}\right\} \geqq DG:2\alpha D-DZ$

---

somit $2\alpha D.DZ-DZ^2 \geqq BD.DG$

---

also $D\alpha^2 - BD.DG \geqq DZ^2 - 2\alpha D.DZ + D\alpha^2$

Es ist aber $D\alpha^2 + DZ^2 \geqq 2\alpha D.DZ$ (El. II. 9. 5.)

folglich $D\alpha^2 > BD.DG$

Der über GQ als Durchmesser beschriebene Kreis erreicht also die Linie DO (S. Apoll. *de Sect. det. pag.* 7.). Es geschehe in R, so ist

$$BD.DG. = DR.DO$$

mithin $\left.\begin{matrix} D\alpha^2 - DR.RO \\ \alpha R^2 \end{matrix}\right\} \geqq DZ^2 - 2\alpha D.DZ + D\alpha^2$

somit $\alpha R \geqq ZD - D\alpha$, oder $\alpha R \geqq \alpha D - DZ$,

also $\left.\begin{matrix} R\alpha + \alpha D \\ DR \end{matrix}\right\} \geqq DZ$, also $DZ \geqq \begin{cases} D\alpha - \alpha R \\ DR', \text{ wenn } R\alpha = \alpha R', \end{cases}$

Ferner ist $BC \geqq N$ (Det.)

also $\left.\begin{matrix} BC(AD+DB) \\ (BD+DG)DF \end{matrix}\right\} \geqq \begin{cases} ND(AD+DB) \\ (LD-DN)DF \end{cases}$

folglich $BD + DG \geqq \begin{cases} LD - DN \\ 2D\alpha \end{cases}$

mithin $BD^2 + BD.DG \geqq 2BD.D\alpha$

somit $BD^2 - 2BD.D\alpha + D\alpha^2 \geqq \begin{cases} D\alpha^2 - BD.DG \\ R\alpha^2 \end{cases}$

also $BD - D\alpha \geqq R\alpha$

folglich $BD \geqq \begin{cases} R\alpha + \alpha D \\ DR \end{cases}$

Der aus D als Mittelpunkt mit einem Radius $= DR$ beschriebene Kreis erreicht also den Bogen BZ in B, oder Z, oder in einem Punkte T zwischen B,Z. Der aus D als Mittelpunkt mit einem Radius $= DR'$ beschriebene Kreis erreicht den Bogen BZ nicht, wenn nicht R,R′ zusammenfallen. Im ersten Fall ist BC, im zweiten SZ die gesuchte Linie, wie leicht erhellet. Im dritten ist

$$\begin{aligned} BD.DG &= DR.RO \\ &= DR(LD - DN - RD) \end{aligned}$$

also $\left.\begin{aligned} VD.DT:DR(LD-DN-DR) \\ VD:LD-DN-DR \end{aligned}\right\} \begin{aligned} &= AD.DB:BD.DG \\ &= AD:DG \\ &= ND:DL \end{aligned}$

folglich $ND - DV:RD + DN = ND:DL$

$= FD:\begin{cases} DE \\ DC \end{cases}$

$= WD:DU$, wenn DT gezogen ist, welche den $\begin{Bmatrix} \text{grösseren} \\ \text{kleineren} \end{Bmatrix}$ Kreis in $\begin{Bmatrix} U \\ V \end{Bmatrix}$ schneidet, und $FVD = R$,

$= TU - DV:DT + TU$ weil $WX:XU = FY:YC$ wenn $YXD = R$

$$\text{also } WX = XU$$

$$\text{folglich } \left.\begin{array}{r} WX - XV \\ VW \end{array}\right\} = \left\{\begin{array}{r} UX - XT \\ TU \end{array}\right.$$

$$\text{mithin } VD + DR : RD + DN = VD + DT : DT + TU$$

$$\text{somit } RD + DN = DT + TU$$

$$\text{und } \left.\begin{array}{r} DN \\ N \end{array}\right\} = TU.$$

2) Zu Fig. 46.

Determination.

Damit der aus D als Mittelpunkt mit einem Radius = DR beschriebene Kreis den Bogen BZ erreiche,

mufs seyn $\quad$ a) $\left.\begin{array}{r} DR \\ D\alpha - \alpha R \end{array}\right\} \geqq DB \qquad$ wenn $D\alpha = \alpha O$,

$$\text{also } \alpha D - DB \geqq R\alpha$$

$$\text{folglich } D\alpha^2 - 2\alpha D.DB + BD^2 \geqq \left\{\begin{array}{l} R\alpha^2 \\ D\alpha^2 - \left\{\begin{array}{l} DR.RO \\ BD.DG \end{array}\right. \end{array}\right.$$

$$\text{mithin } BD^2 + BD.DG \geqq 2\alpha D.DB$$

$$\text{somit } BD + DG \geqq \left\{\begin{array}{l} 2\alpha D \\ LD - DN \end{array}\right.$$

$$\text{also } \left.\begin{array}{l} BD.DF + \left\{\begin{array}{l} GD.DF \\ AD.DC \end{array}\right\} \\ CB(BD + DA) \end{array}\right\} \geqq \left\{\begin{array}{l} \left\{\begin{array}{l} LD.DF \\ ND.DC \end{array}\right\} - ND.DF \\ ND(RD + DA) \end{array}\right.$$

$$\text{folglich } BC \overset{=}{>} \begin{cases} ND \\ N \end{cases}$$

$$\text{b) } \left.\begin{array}{r} DR \\ D\alpha - \alpha R \end{array}\right\} \overset{=}{<} DZ$$

$$\text{also } \alpha D - DZ \overset{=}{<} \alpha R$$

$$\text{folglich } D\alpha^2 - 2\alpha D.DZ + DZ^2 \overset{=}{<} \begin{cases} \alpha R^2 \\ D\alpha^2 - \begin{cases} DR.RO \\ BD.DG \end{cases} \end{cases}$$

$$\text{mithin } BD.DG \overset{=}{<} (2\alpha D - DZ)DZ$$

$$\text{somit } \left.\begin{array}{r} ZD:DB \\ AD:DZ \end{array}\right\} \overset{=}{>} DG:2\alpha D - DZ$$

$$\text{also } AD:DG \overset{=}{>} DZ:2\alpha D - DZ$$

$$\text{folglich } AD + DG:AD \overset{=}{<} 2\alpha D : DZ$$

$$\text{Da nun } AD : DG = ND : DL$$

$$\text{so ist } AD : GD - DA = ND : LD - DN$$

$$\left.\begin{array}{r} \text{mithin } AD + DG:GD - DA \\ \text{(El. VI. 2.) } CD + DF:CD - DF \\ 2CY:2DY \\ CY:YD \\ SZ:ZD \end{array}\right\} \overset{=}{<} ND : DZ \qquad \text{wenn } AY = YB,$$

$$\text{somit } SZ \overset{=}{>} \begin{cases} DN \\ N \end{cases}$$

Beweis.

$$\text{Es ist } SZ \overset{\neq}{<} N \text{ (Det.)}$$

$$\text{also}\ \left.\begin{array}{r} SZ : ZD \\ CY : YD \\ 2CY : 2YD \\ CD+DF : CD-DF \\ GD+DA : GD-DA \end{array}\right\} \overset{=}{<} ND : DZ$$

$$\text{Da nun}\ AD : DG = ND : DL$$

$$\text{folglich}\ GD-DA : AD = \alpha D-DN : ND$$

$$\text{so ist}\ GD+DA : AD \overset{=}{<} 2\alpha D : DZ$$

$$\text{mithin}\ AD : DG \overset{=}{>} DZ : 2\alpha D-DZ$$

$$\text{somit}\ \left.\begin{array}{r} AD : DZ \\ ZD : DB \end{array}\right\} \overset{=}{>} DG : 2\alpha D-DZ$$

$$\text{also}\ 2\alpha D.DZ-DZ^2 \overset{=}{>} BD.DG$$

$$\text{folglich}\ D\alpha^2-BD.DG \overset{=}{>} D\alpha^2-2\alpha D.DZ+DZ^2$$

$$\text{Es ist aber}\ DZ^2+D\alpha^2 \overset{=}{>} 2\alpha D.DZ$$

$$\text{mithin auch}\ D\alpha^2 \overset{=}{>} BD.DG$$

Der über GQ als Durchmesser beschriebene Kreis erreicht also die Linie DO. Es geschehe in R,

$$\text{so ist}\ BD.DG = DR.RO$$

$$\text{also}\ D\alpha^2 - \left\{\begin{array}{c} DR\ RO \\ \alpha R^2 \end{array}\right\} \overset{=}{>} D\alpha^2-2\alpha D.DZ+ZD^2$$

$$\text{folglich}\ \alpha R \overset{=}{>} \alpha D-DZ,\ \text{oder}\ \alpha R \overset{=}{>} ZD-D\alpha$$

mithin $DZ \overset{=}{>} \left\{\begin{matrix} D\alpha - \alpha R, & R\alpha + \alpha D \\ DR & DR' \end{matrix}\right\} \overset{=}{>} DZ$, wenn $R\alpha = \alpha R'$

Ferner ist $BC \overset{=}{>} N$ (Det.)

also $\left.\begin{matrix} BC(AD+DB) \\ (BD+DG)DF \end{matrix}\right\} \overset{=}{>} \left\{\begin{matrix} ND(AD+DB) \\ (LD-DN)DF \end{matrix}\right.$

folglich $BD+DG \overset{=}{>} \left\{\begin{matrix} LD-DN \\ 2D\alpha \end{matrix}\right.$

mithin $BD^2 + BD.DG \overset{=}{>} 2BD.D\alpha$

somit $D\alpha^2 - 2BD.D\alpha + DB^2 \overset{=}{>} \left\{\begin{matrix} D\alpha^2 - \left\{\begin{matrix} BD.DG \\ DR.RO \end{matrix}\right. \\ \alpha R^2 \end{matrix}\right.$

also $\alpha D - DB \overset{=}{>} \alpha R$

folglich $\left.\begin{matrix} D\alpha - \alpha R \\ DR \end{matrix}\right\} \overset{=}{>} DB$

Der aus D als Mittelpunkt mit einem Radius = DR beschriebene Kreis erreicht also den Bogen BZ in B, oder Z, oder in einem Punkte T zwischen B,Z. Der aus D als Mittelpunkt mit einem Radius =DR′ beschriebene Kreis erreicht den Bogen BZ nicht, wenn nicht R,R′ zusammen fallen. Im ersten Fall u. s. w. buchstäblich, wie zu Fig. 45.

ב) Es sey ZS > BC (Fig. 47.). Anm. Da CD > DS, ZD > DB

so ist $\left.\begin{matrix} CD-DB \\ BC \end{matrix}\right\} > \left\{\begin{matrix} SD-DZ \\ SZ \end{matrix}\right.$

also kann dieser Fall bey Fig. 48. nicht statt finden.

### Determination.

Damit der aus D als Mittelpunkt mit einem Radius = DR beschriebene Kreis den Bogen BZ erreiche,

mufs seyn a) $\left.\begin{matrix}DR\\ D\alpha-\alpha R\end{matrix}\right\}\overset{=}{<}DB$

---

also $\alpha D-DB\overset{=}{<}R\alpha$

---

folglich $D\alpha^2-2\alpha D.DB+BD^2\overset{=}{<}\left\{\begin{matrix}R\alpha^2\\ D\alpha^2-\left\{\begin{matrix}DR.RO\\ BD.DG\end{matrix}\right.\end{matrix}\right.$

---

mithin $BD^2+BD.DG\overset{=}{<}2\alpha D.DB$

---

somit $BD+DG\overset{=}{<}LD-DN$

---

also $\left.\begin{matrix}BD.DF+\left\{\begin{matrix}GD.DF\\ AD.DC\end{matrix}\right\}\\ DB.BC+AD.BC\\ (AD+DB)BC\end{matrix}\right\}\overset{=}{<}\left\{\begin{matrix}\left\{\begin{matrix}LD.DF\\ ND.DC\end{matrix}\right\}-ND.DF\\ ND(AD+DB)\end{matrix}\right.$

---

folglich $BC\overset{=}{<}\left\{\begin{matrix}ND\\ N\end{matrix}\right.$

b) $\left.\begin{matrix}DR\\ D\alpha-\alpha R\end{matrix}\right\}\overset{=}{>}DZ$

---

also $\alpha D-DZ\overset{=}{>}R\alpha$

---

folglich $D\alpha^2-2\alpha D.DZ+DZ^2\overset{=}{>}\left\{\begin{matrix}R\alpha^2\\ D\alpha^2-\left\{\begin{matrix}DR.RO\\ BD.DG\end{matrix}\right.\end{matrix}\right.$

mithin $BD.DG \overset{=}{>} (2\alpha D - DZ)DZ$

somit $\left.\begin{matrix} ZD:DB \\ AD:DZ \end{matrix}\right\} \overset{=}{<} DG:2\alpha D - DZ$

also $AD:DG \overset{=}{<} DZ:2\alpha D - DZ$

folglich $AD + DG:AD \overset{=}{>} 2\alpha D:DZ$

Da nun $AD:DH = ND:DL$

mithin $AD:GD - DA = ND:LD - DN$

so ist $\left.\begin{matrix} GD + DA:GD - DA \\ CD + DF:CD - DF \\ 2CY:2DY \\ CY:YD \\ SZ:ZD \end{matrix}\right\} \overset{=}{>} ND:DZ$ wenn $AY = YB$,

mithin $SZ \overset{=}{>} \left\{\begin{matrix} ND \\ N \end{matrix}\right.$

**Beweis.**

Es ist $BC \overset{=}{<} N$ (Det.

also $\left.\begin{matrix} BC(AD + DB) \\ (BD + DG)DF \end{matrix}\right\} \overset{=}{<} \left\{\begin{matrix} ND(AD + DB) \\ (LD - DN)DF \end{matrix}\right.$

folglich $BD + DG \overset{=}{<} LD - DN$

mithin $BD^2 + BD.DG \overset{=}{<} 2\alpha D.DB$

somit $D\alpha^2 - 2\alpha D.DB + BD^2 \leqq D\alpha^2 - BD.DG$

Da aber $D\alpha^2 + DB^2 \geqq 2\alpha D.DB$

so ist auch $D\alpha^2 \geqq BD.DG$

Der über GQ beschriebene Kreis erreicht also die gerade Linie DO. Es geschehe in R, so ist

$$BD.DG = DR.RO$$

also $D\alpha^2 - 2\alpha D.DB + BD^2 \leqq \begin{cases} D\alpha^2 - DR.RO \\ R\alpha^2 \end{cases}$

folglich $\alpha D - DB \leqq R\alpha$, oder $BD - D\alpha \leqq R\alpha$

mithin $\left.\begin{matrix} D\alpha - \alpha R \\ DR \end{matrix}\right\} \leqq DB$, also $BD \leqq \begin{cases} R\alpha + \alpha D \\ DR', \end{cases}$ wenn $R'\alpha = \alpha R$,

Ferner ist $SZ \geqq N$ (Det.)

also $\left.\begin{matrix} SZ:ZD \\ GD+DA : GD-DA \end{matrix}\right\} \geqq ND:DZ$

Nun ist $AD:DG = ND:DL$

folglich $GD - DA : AD = LD - DN : ND$

mithin $GD + DA : AD \geqq 2\alpha D : DZ$

somit $AD : DG \leqq DZ : 2\alpha D - DZ$

also $\left.\begin{matrix} AD : DZ \\ ZD : DB \end{matrix}\right\} \leqq DG : 2\alpha D - DZ$

$$\text{folglich } BD.DG \overset{=}{>} 2\alpha D.DZ - DZ^2$$

$$\text{mithin } D\alpha^2 - 2\alpha D.DZ + DZ^2 \overset{=}{>} \begin{cases} D\alpha^2 - \begin{cases} BD.DG \\ DR.RO \end{cases} \\ R\alpha^2 \end{cases}$$

$$\text{somit } \alpha D - DZ \overset{=}{>} R\alpha$$

$$\text{also } \left.\begin{matrix} D\alpha - \alpha R \\ DR \end{matrix}\right\} \overset{=}{>} DZ$$

Der aus D als Mittelpunkt mit einem Radius $= \begin{Bmatrix} DR \\ DR' \end{Bmatrix}$ beschriebene Kreis erreicht also den Bogen BZ $\begin{cases} \text{in B, oder Z, oder in einem Punkt T zwischen B, Z} \\ \text{nicht, wenn nicht R, R}' \text{ zusammen fallen} \end{cases}$. Im ersten Fall ist BC, im zweiten SZ die gesuchte Linie, wie von selbst erhellet. Im dritten ist BD.DG=DR.RO, u. s. w. buchstäblich, wie zu Fig. 45.

ג) Es sey ZS = BC Fig. 47. Anm. wie zu ב.

### Determination.

Damit der aus D als Mittelpunkt mit einem Radius = DR beschriebene Kreis den Bogen BZ erreiche, mufs seyn $RD \overset{=}{<} DB, RD \overset{=}{>} DZ$

also $BC \overset{=}{<} N$, $SZ \overset{=}{>} N$, welches wie bey ב. bewiesen wird,

oder $BC \overset{=}{>} N$, $SZ \overset{=}{<} N$, welches wie bey ג. 1. bewiesen wird

Da dieses nur möglich ist, wenn BC=N=SZ, so sind BC, SZ Linien von der gegebenen Eigenschaft.

b) Die gesuchte Linie soll gezogen werden von einem Endpunkte des kleinern Durchmessers (Fig. 48—53.);

α) von demjenigen, D, welcher von dem grösseren Kreise am weitesten entfernt ist (Fig. 48. 49.). Sie soll, wenn DZ auf AD perpendikular steht, und den grösseren Kreis in Z schneidet, liegen zwischen den Bogen BZ, CUD in Fig. 48, oder in Fig. 49.

Analysis.

Es sey TU die gesuchte Linie, welche den grösseren Kreis in V schneide. Macht man AY=YB, VW=TU, DWF=YXD=R, und zieht CU, so ist

WX : XU=FY:YC

also FY=YC

folglich AF=BC

mithin ist AF der Lage und Gröſse nach, somit der Punkt F, und die gerade Linie DF gegeben.

Ferner ist FD:DC } =WD:DU
wenn FD:DC=N:P; N:P } =VD−TU:DT−TU (Fig.38)
=VD—N:DT—N
=TU−VD:TU−DT (Fig.49)
=N—VD:N—DT

also N : P } = { VD:DP+P-N(fig.48.49.)
wennFD:DC=AD:H;AD:H } { VD.DT:DT(DT+P-N)
AD.DB:BD.H }

folglich BD.H=DT(DT+P—N)

mithin ist wegen der gegebenen BD,H das Rechteck DT(DT+P—N) der Gröfse nach gegeben. Da nun auch (DT+P—N)—DT=P—N gegeben ist, so ist DT (Dat. 85.) der Gröfse und (Dat. 28.) der Lage nach gegeben.

Anm. Wenn $P \overset{=}{<} N$, so ist DT aus denselben Gründen gegeben, und wird auf ähnlichem Wege gefunden, wie folgt.

### Determination.

Es ist (Fig. 48.) $AD > BC$ (p. hyp.)

$$\text{also } \left.\begin{array}{c} AD+D\beta \\ A\beta \end{array}\right\} > \left\{\begin{array}{c} BC+C\beta \\ B\beta \end{array}\right. \text{, wenn } D\beta = \beta C,$$

$$\text{folglich } BY > B\beta.$$

$$\text{mithin } \beta Z > \beta T$$

$$\text{somit } \left.\begin{array}{c} \beta Z^2 \\ \beta D^2 + DZ^2 \end{array}\right\} > \left\{\begin{array}{c} \beta T^2 \\ DT.TU + \beta D^2 \end{array}\right.$$

$$\text{also } DZ^2 > DT.DU$$

$$\text{folglich } TD : DZ < DZ : TU$$

$$\text{Es ist aber } TD > DZ$$

$$\text{mithin } DZ > TU$$

$$\text{Ferner ist } T\beta > B\beta$$

$$\text{also } \left.\begin{array}{c} T\beta - \beta K \\ TK \end{array}\right\} > \left\{\begin{array}{c} B\beta - \beta C \\ BC \end{array}\right. \text{, wenn } K\beta = \beta C,$$

$$\text{folglich auch } TU > BC$$

mithin mufs $N \overset{=}{<} DZ$, $N \overset{=}{>} BC$ seyn.

Es ist (Fig. 49) $AD < BC$

also $\left.\begin{matrix} AD - D\beta \\ A\beta \end{matrix}\right\} < \left\{\begin{matrix} BC - C\beta \\ B\beta \end{matrix}\right.$, wenn $D\beta = \beta C$,

folglich $BY < B\beta$

mithin $\beta Z < \beta T$

somit $\left.\begin{matrix} \beta Z^2 \\ \beta D^2 + DZ^2 \end{matrix}\right\} < \left\{\begin{matrix} \beta T^2 \\ DT.TU + \beta D^2 \end{matrix}\right.$

also $DZ^2 < DT.TU$

folglich $TD : DZ > DZ : TU$

Es ist aber $TD < DZ$

mithin ist $DZ < TU$

Ferner ist $T\beta < \beta B$

also $\left.\begin{matrix} T\beta + \beta K \\ TK \end{matrix}\right\} < \left\{\begin{matrix} B\beta + \beta C \\ BC \end{matrix}\right.$, wenn $K\beta = \beta C$,

folglich auch $TU < BC$

mithin muſs $N \geqq DZ$, $N \leqq BC$ seyn.

## Construction.

Man mache $ADE = \left\{\begin{matrix} ADP \text{ (Fig. 48.)} \\ ADG \text{ (Fig. 49.)} \end{matrix}\right\} = R$, $ED = DC$, $PD = DB$, $AF = BC$, $DN = N$, $NL \# AG \# FE$, $LM \# DN$, $NM \# DL$, $ON = NM$, $DOQ = R$, $PQ \# DO$, beschreibe über GQ als Durchmesser einen Kreis, welcher die verlängerte BD in R schneide, und aus D als Mittelpunkt mit einem Radius $= DR$ einen anderen. Der Punkt, in welchem derselbe den Bogen BZ erreicht, wird die gesuchte Linie bestimmen.

**Beweis.**

Es ist (Fig. 48.) $N \overset{=}{>} BC$

$$\left.\begin{array}{r} \text{also } ND(BD-DA) \\ ND.DC-ND(AD-BC) \\ FD.DL-ND.DF \end{array}\right\} \overset{=}{>} \left\{\begin{array}{l} CB(BD-DA) \\ CB.BD-AD(BD-DC) \\ \left\{\begin{array}{l} AD.DC \\ FD.DG \end{array}\right\} -FD.DB \end{array}\right.$$

$$\left.\begin{array}{r} \text{folglich } LD-DN \\ 2D\alpha \end{array}\right\} \overset{=}{>} GD-DB \qquad \text{wenn } D\alpha = \alpha O,$$

$$\text{mithin } 2BD.D\alpha \overset{=}{>} GD.DB - BD^2$$

$$\text{somit } BD^2 + 2BD.D\alpha + \alpha D^2 \overset{=}{>} \left\{\begin{array}{l} D\alpha^2 + \left\{\begin{array}{l} GD.DB \\ DR.RO \end{array}\right. \\ \quad R\alpha^2 \end{array}\right.$$

$$\text{also } BD + D\alpha \overset{=}{>} R\alpha$$

$$\text{folglich } BD \overset{=}{>} \left\{\begin{array}{l} R\alpha - \alpha D \\ DR \end{array}\right.$$

Es ist (Fig. 49.) $N \overset{=}{<} BC$

$$\left.\begin{array}{r} \text{also } ND(AD-DB) \\ ND.DC-ND(BC-AD) \\ LD.DF-ND.DF \\ (LD-DN)DF \end{array}\right\} \overset{=}{<} \left\{\begin{array}{l} BC(AD-DB) \\ AD(BD+DC)-CB.BD \\ AD.DC-(BC-AD)BD \\ FD.DG-FD.DB \\ (GD-DB)\,FD \end{array}\right.$$

$$\text{folglich } 2D\alpha \overset{=}{<} GD-DB, \text{ wenn } D\alpha = \alpha O,$$

$$\text{mithin } 2BD.D\alpha \overset{=}{<} GD.DB - BD^2$$

$$\text{somit } BD^2 + 2BD.D\alpha + \alpha D^2 \overset{=}{<} \begin{cases} D\alpha^2 + \begin{cases} GD.DB \\ DR.RO \end{cases} \\ R\alpha^2 \end{cases}$$

$$\text{also } BD + D\alpha \overset{=}{<} R\alpha$$

$$\text{folglich } BD \overset{=}{<} \begin{cases} R\alpha - \alpha D \\ DR \end{cases}$$

Ferner ist $DZ \left\{\begin{matrix} = \\ > \\ = \\ < \end{matrix}\right\} N$, wenn das $\left\{\begin{matrix} \text{obere} \\ \text{untere} \end{matrix}\right\}$ Zeichenpaar sich auf Fig. $\left\{\begin{matrix} 48. \\ 49. \end{matrix}\right\}$ bezieht.

$$\text{also } \left.\begin{matrix} DZ^2 \\ AD.DB \end{matrix}\right\} \left\{\begin{matrix} = \\ > \\ = \\ < \end{matrix}\right\} ND.DZ$$

$$\text{mithin } BD:DZ \left\{\begin{matrix} = \\ > \\ = \\ < \end{matrix}\right\} \begin{cases} ND:DA \\ \left\{\begin{matrix} ND.DG \\ AD.DL \end{matrix}\right\} - ND.DA : (GD - DA)AD \\ AD(LD - DN) : (GD - DA)AD \\ 2D\alpha : GD - DA \end{cases}$$

$$\text{folglich } BD(GD - DA) \left\{\begin{matrix} = \\ > \\ = \\ < \end{matrix}\right\} 2\alpha D.DZ$$

$$\text{somit } \left.\begin{matrix}BD.DG\\ R\alpha^2-\alpha D^2\end{matrix}\right\}\left\{\begin{matrix}=\\ >\\ =\\ <\end{matrix}\right\} 2\alpha D.DZ+\left\{\begin{matrix}BD.DA\\ DZ^2\end{matrix}\right.$$

---

$$\text{also } R\alpha^2\left\{\begin{matrix}=\\ >\\ =\\ <\end{matrix}\right\} D\alpha^2+2\alpha D.DZ+DZ^2$$

---

$$\text{folglich } R\alpha\left\{\begin{matrix}=\\ >\\ =\\ <\end{matrix}\right\} \alpha D+DZ$$

---

$$\text{mithin } \left.\begin{matrix}R\alpha-\alpha D\\ DR\end{matrix}\right\}\left\{\begin{matrix}=\\ >\\ =\\ <\end{matrix}\right\} DZ$$

Der aus D als Mittelpunkt mit einem Radius = DR beschriebene Kreis erreicht also den Bogen BZ in B, oder Z, oder in einem Punkte T zwischen B,Z. Im $\left\{\begin{matrix}\text{ersten}\\ \text{zweiten}\end{matrix}\right\}$ Fall ist $\left\{\begin{matrix}CB\\ DZ\end{matrix}\right\}$ die gesuchte Linie, wie von selbst erhellet. Im dritten ist

$$\begin{aligned}BD.DG&=DR.RO\\ &=DR(DR+LD-DN)\end{aligned}$$

---

$$\text{also } \left.\begin{matrix}AD.DB : BD.DG\\ AD : DG\\ ND : DL\end{matrix}\right\} \begin{matrix}=VD.DT:DR(DR+LD-DN),\\ \text{wenn die verlängerte TD den}\\ \text{grösseren Kreis in V schneidet,}\\ =VD:DR+LD-DN\end{matrix}$$

---

$$\left.\begin{matrix}\text{folglich } ND:DL\\ FD:DC\\ WD:DU\\ (\text{fig.48.})\,VD-TU:DT-TU\\ (\text{fig.49.})\,TU-DV:TU-DT\end{matrix}\right\} \begin{matrix}=VD-DN:RD-DN(\text{fig.48.})\\ =ND-DV:ND-DR(\text{fig.49.})\\ \text{weil } WX:XU=FY:YC.\\ \text{wenn } YXD=R(\text{fig.48.49.})\end{matrix}$$

also WX=YU

folglich VW='TU

mithin TD-DV: $\left\{\begin{matrix}DT-TU\\TU-DT\end{matrix}\right\}$ = RD-DV: $\left\{\begin{matrix}RD-DN\\ND-DR\end{matrix}\right\}$ fig. $\left\{\begin{matrix}48.\\49.\end{matrix}\right\}$

somit $\left.\begin{matrix}ND\\N\end{matrix}\right\}$ = TU

β) Von demjenigen, D, welcher dem grösseren Kreise am nächsten liegt (Fig. 50—53.). Sie soll, wenn DZ auf AD perpendikular steht, und den grösseren Kreis in Z schneidet, liegen zwischen den Bogen BZ,CUD in Fig. 50. 52, oder Fig. 51. 53.

Analysis.

Es sey TU die gesuchte Linie, welche den grösseren Kreis in V schneide. Macht man AY=YB, VW=TU, DWF=YXD=R und zieht CU, so ist

WX : XU=FY:YC

also FY=YC

folglich AF=BC

mithin ist AF der Lage und Gröſse nach, somit der Punkt F, und die gerade Linie DF gegeben.

Ferner ist $\left.\begin{matrix}FD : DC\\ \text{wenn } FD : DC=N:P,\ N : P\end{matrix}\right\}$ =WD : DU
=N-VD:DT-N (fig.50.52.)
=VD-N:N-DT (fig.51 53.)

$\left.\begin{matrix}\text{mithin } N : P\\ \text{wenn } FD:DC=AD:H, AD.H\\ AD.DB:BD.H\end{matrix}\right\}$ = $\left\{\begin{matrix}VD:P+N-DT (fig.50-53)\\ VD.DT:DT(P+N-DT)\end{matrix}\right.$

also BD.H=DT(P+N—DT)

folglich ist wegen der gegebenen BD,H das Rechteck DT(P+N—DT) der Gröfse nach gegeben. Da auch DT+(P+N—DT)=P+N gegeben ist, so ist DT (Dat. 86.) der Gröfse und (Dat. 28.) der Lage nach gegeben.

## Construction.

Man mache ADE=R, ED=DC, PD=DB, AF =BC, DN=N, NL#AG#FE, LM#DN, NM#DL, ON=NM, DOQ=R, PQ#DO, beschreibe über GQ als Durchmesser einen Kreis, welcher die gerade Linie DO in R erreiche, und aus D als Mittelpunkt mit einem Radius =DR einen zweiten. Der Punkt, in welchem derselbe den Bogen BZ erreicht, wird die gesuchte Linie bestimmen.

## Determination.

Damit der aus D als Mittelpunkt mit einem Radius = DR beschriebene Kreis den Bogen BZ erreiche, mufs seyn $DR \overset{=}{<} DB$, $DR \overset{=}{>} DZ$ (Fig. 50. 52.), $DR \overset{=}{>} DB$, $DR \overset{=}{<} DZ$ (Fig. 51. 53.).

ℵ) Es sey BC<DZ, so mufs also seyn

1) in Fig. 50.

$$\alpha)\ DR \overset{=}{<} DB$$

$$D\alpha - \alpha R \qquad \text{wenn } D\alpha = \alpha O,$$

$$\text{also } \alpha D - DB \overset{=}{<} \alpha R$$

$$\text{folglich } D\alpha^2 - 2\alpha D.DB + DB^2 \overset{=}{<} \begin{cases} \alpha R^2 \\ D\alpha^2 - \begin{cases} DR.RO \\ BD.DG \end{cases} \end{cases}$$

$$\text{mithin } BD^2 + BD.DG \leqq 2\alpha D.DB$$

---

$$\text{somit } BD + DG \leqq LD + DN$$

---

$$\text{also } \left.\begin{array}{r} BD\,DF + \left\{\begin{array}{l} GD.DF \\ AD.DC \end{array}\right\} \\ (BD - DA)BC \end{array}\right\} \leqq \left\{\begin{array}{l} \left\{\begin{array}{l} LD.DF \\ ND.DC \end{array}\right\} + ND.DF \\ (BD - DA)ND \end{array}\right.$$

---

$$\text{folglich } BC \leqq \left\{\begin{array}{l} ND \\ N \end{array}\right.$$

$$\text{b) } \left.\begin{array}{r} DR \\ D\alpha - \alpha R \end{array}\right\} \geqq DZ$$

---

$$\text{also } \alpha D - DZ \geqq R\alpha$$

---

$$\text{folglich } D\alpha^2 - 2\alpha D.DZ + DZ^2 \geqq \left\{\begin{array}{l} R\alpha^2 \\ D\alpha^2 - \left\{\begin{array}{l} DR.RO \\ BD.DG. \end{array}\right. \end{array}\right.$$

---

$$\text{mithin } \left.\begin{array}{r} \left.\begin{array}{r} DZ^2 \\ BD.DA \end{array}\right\} + BD.DG \\ BD(AD + DG) \end{array}\right\} \geqq 2\alpha D.DZ$$

---

$$\text{also } BD:DZ \geqq \left\{\begin{array}{l} LD + DN : AD + DG \\ \left\{\begin{array}{c} \left\{\begin{array}{l} LD.DA \\ ND.DG \end{array}\right\} + ND.DA \\ (GD + DA)ND \end{array}\right\} : (AD + DG)AD \\ \qquad ND : DA \end{array}\right.$$

---

$$\text{folglich } \left.\begin{array}{r} BD.DA \\ DZ^2 \end{array}\right\} \geqq ND.DZ$$

$$\text{mithin } DZ \geqq \left\{\begin{array}{l} ND \\ N \end{array}\right.$$

**Beweis.**

$$\text{Es ist } BC \leqq N$$

$$\text{also } \left.\begin{array}{r} BC(BD-DA) \\ (BD+DG)DF \end{array}\right\} \leqq \left\{\begin{array}{l} (BD-DA)ND \\ (LD+DN)DF \end{array}\right.$$

$$\text{folglich } BD+DG \leqq 2\alpha D$$

$$\text{mithin } BD^2+BD.DG \leqq 2\alpha D.DB$$

$$\text{somit } D\alpha^2-2\alpha D.DB+AD^2 \leqq D\alpha^2-BD.DG$$

$$\text{Da nun } D\alpha^2+DB^2 \geqq 2\alpha D.DB$$

$$\text{so ist auch } D\alpha^2 > BD.DG$$

Der über GQ als Durchmesser beschriebene Kreis erreicht also die Linie DO. Es geschehe in R, so ist

$$DR.RO = BD.DG$$

$$\text{also } D\alpha^2-2\alpha D.DB+BD^2 \leqq \left\{\begin{array}{l} D\alpha^2-DR.RO \\ R\alpha^2 \end{array}\right.$$

$$\text{folglich } \alpha D-DB \leqq R\alpha, \text{ oder } BD-D\alpha \leqq R\alpha$$

$$\text{mithin } \left.\begin{array}{r} D\alpha-\alpha R \\ DR \end{array}\right\} \leqq DB, \text{ oder } BD \leqq \left\{\begin{array}{l} R\alpha+\alpha D \\ DR' \end{array}\right.$$

$$\text{wenn } R\alpha = \alpha R'$$

Ferner ist $DZ \overset{=}{>} N$

somit $\left.\begin{matrix} DZ^2 \\ BD.DA \end{matrix}\right\} \overset{=}{>} ND.DZ$

also $BD:DZ \overset{=}{>} \begin{cases} ND:DA \\ \left\{\begin{matrix} GD.DN \\ LD.DA \end{matrix}\right\} + ND.DA:(GD+DA)AD \\ LD+DN:GD+DA \end{cases}$

folglich $BD.DG + \left\{\begin{matrix} BD.DA \\ DZ^2 \end{matrix}\right\} \overset{=}{>} 2\alpha D.DZ$

mithin $D\alpha^2 - 2\alpha D.DZ + DZ^2 \overset{=}{>} \begin{cases} D\alpha^2 - \left\{\begin{matrix} BD.DG \\ DR.RO \end{matrix}\right. \\ R\alpha^2 \end{cases}$

somit $\alpha D - DZ \overset{=}{>} R\alpha$

also $\left.\begin{matrix} D\alpha - \alpha R \\ DR \end{matrix}\right\} \overset{=}{>} DZ$

Der aus D als Mittelpunkt mit einem Radius =DR beschriebene Kreis erreicht also den Bogen BZ in B, oder Z, oder in einem Punkte T zwischen B,Z. (Der aus D als Mittelpunkt mit einem Radius = DR′ beschriebene Kreis erreicht den Bogen BZ in B, oder gar nicht.) Im ersten Fall ist BC, im zweiten DZ die gesuchte Linie, wie von selbst erhellet. Im dritten ist $BD.DG = DR.RO$

$= DR.(ND+DL-DR)$

$$\left.\begin{array}{r} \text{also } AD.DB : BD.DG \\ AD : DG \\ ND : DL \end{array}\right\} \begin{array}{l} = VD.DT:DR(ND+DL-DR) \\ = VD:ND+DL-DR \\ \phantom{x} \end{array}$$

$$\left.\begin{array}{r} \text{folglich } ND:DL \\ FD:\left\{\begin{array}{l} DE \\ DC \end{array}\right\} \\ WD:DU \\ TU-DV:DT-TU \end{array}\right\} = ND-DV:RD-DN$$

$$\text{weil } WX:XU = FY:YC, \quad \text{wenn } YXD = R$$

$$\text{also } WX = XU$$

$$\text{folglich } VW = TU$$

$$\text{mithin } TD-DV:DT-TU = RD-DV:RD-DN$$

$$\text{somit } DT-TU = RD-DN$$

$$\text{und } TU = DN$$

2) In Fig. 51.

$$\left.\begin{array}{r} \text{a) } DR \\ D\alpha+\alpha R \end{array}\right\} \overset{=}{>} DB$$

$$\text{also } \alpha R \overset{=}{>} BD-DA$$

$$\left.\begin{array}{r} \text{folglich } \alpha R^2 \\ D\alpha^2-\left\{\begin{array}{l} DR.RO \\ BD.DG \end{array}\right\} \end{array}\right\} \overset{=}{>} BD^2-2BD.D\alpha+\alpha D^2$$

$$\text{mithin } 2BD.D\alpha \overset{=}{>} BD^2+BD.DG$$

$$\text{somit } LD+DN \overset{=}{>} BD+DG$$

$$\text{also}\ \left.\begin{array}{c}\left.\begin{array}{l}LD.DF\\ND.DC\end{array}\right\}+ND.DF\\ ND(AD-DB\end{array}\right\}\overset{=}{>}\left\{\begin{array}{c}BD.DF+\left\{\begin{array}{l}GD.DF\\AD.DC\end{array}\right.\\(AD-DB)BC\end{array}\right.$$

$$\text{folglich}\ \left.\begin{array}{l}ND\\N\end{array}\right\}\overset{=}{>}BC$$

$$\text{b)}\ \left.\begin{array}{r}DR\\D\alpha+\alpha R\end{array}\right\}\overset{=}{<}DZ$$

$$\text{also}\ \alpha R\overset{=}{<}ZD-D\alpha$$

$$\text{folglich}\ \left.\begin{array}{l}\alpha R^2\\D\alpha^2-\left\{\begin{array}{l}DR.RO\\BD.DG\end{array}\right\}\end{array}\right\}\overset{=}{<}DZ^2-2\alpha D.DZ+D\alpha^2$$

$$\text{mithin}\ 2\alpha D.DZ\overset{=}{<}\left\{\begin{array}{l}\left.\left\{\begin{array}{c}DZ^2\\BD.DA\end{array}\right.\right\}+BD.DG\\ BD(AD+DG)\end{array}\right.$$

$$\text{somit}\ BD:DZ\overset{=}{>}\left\{\begin{array}{l}ND+DL:AD+DG\\ \left.\begin{array}{l}\left.\left\{\begin{array}{l}ND.DA+\left\{\begin{array}{l}LD.DA\\ND.DG\end{array}\right.\end{array}\right.\right\}\\ND(AD+DG)\end{array}\right\}:(AD+DG)AD\\ ND:DA\end{array}\right.$$

$$\text{also}\ \left.\begin{array}{r}BD.DA\\DZ^2\end{array}\right\}\overset{=}{>}ND.DZ$$

$$\text{folglich}\ DZ\overset{=}{>}\left\{\begin{array}{l}ND\\N.\end{array}\right.$$

### Beweis.

Es ist $N \geqq BC$

also $\left.\begin{matrix} ND(AD-DB) \\ (LD+DN)DF \end{matrix}\right\} \geqq \left\{\begin{matrix} (AD-DB)BC \\ (BD+DG)DF \end{matrix}\right.$

folglich $2BD.D\alpha \geqq BD^2+BD.DG$

mithin $D\alpha^2-BD.DG \geqq BD^2-2BD.D\alpha+D\alpha^2$

Da $BD^2+D\alpha^2 \geqq 2BD.D\alpha$

so ist $D\alpha^2 \geqq BD.DG$

Der über GQ als Durchmesser beschriebene Kreis erreicht also die gerade Linie DO. Es geschehe in R, so ist $DR.RO=BD.DG$

also $D\alpha^2-DR.RO \geqq BD^2-2BD.D\alpha+D\alpha^2$

folglich $R\alpha \geqq BD-D\alpha$, oder $R\alpha \geqq \alpha D-DB$

mithin $\left.\begin{matrix} R\alpha+\alpha D \\ DR \end{matrix}\right\} \geqq BD$, $\quad BD \geqq \left\{\begin{matrix} D\alpha-\alpha R \\ DR' \end{matrix}\right.$

wenn $R\alpha=\alpha R'$

Ferner ist $DZ \geqq N$

also $\left.\begin{matrix} DZ^2 \\ BD.DA \end{matrix}\right\} \geqq ND.DZ$

folglich $BD:DZ \geqq \begin{cases} ND:DA \\ ND(AD+DG):DA(AD+DG) \\ ND+DL : AD+DG \end{cases}$

---

mithin $BD(AD+DG) \geqq 2\alpha D.DZ$

---

somit $DZ^2 - 2\alpha D.DZ + D\alpha^2 \geqq \begin{cases} D\alpha^2 - \begin{cases} BD.DG \\ DR.RO \end{cases} \\ R\alpha^2 \end{cases}$

---

also $ZD - D\alpha \geqq R\alpha$

---

folglich $DZ \geqq \begin{cases} R\alpha + \alpha D \\ DR \end{cases}$

Der aus D als Mittelpunkt mit einem Radius $= DR$ beschriebene Kreis erreicht also den Bogen BZ in B, oder Z, oder in einem Punkte T zwischen B,Z. (Der aus D als Mittelpunkt mit einem Radius $= DR'$ beschriebene Kreis erreicht den Bogen BZ in B, oder gar nicht.) Im ersten Fall ist BC, im zweiten DZ die gesuchte Linie, wie von selbst erhellet. Im dritten ist

$$\begin{aligned} BD.DG &= DR.RO \\ &= DR(LD+DN-DR) \end{aligned}$$

---

also $\left.\begin{matrix} AD.DB:BD.DG \\ AD:DG \\ ND:DL \end{matrix}\right\} = \begin{cases} VD.DT:DR(LD+DN-DR) \\ VD:LD+DN-DR \end{cases}$

---

folglich $\left.\begin{matrix} ND:DL \\ FD:DE \\ WD:DU \\ VD-TU:TU-DT \end{matrix}\right\} = VD-DN:ND-DR$

weil $WX:XU = FY:YC$, wenn $YXD = R$

---

also $WX = XU$

somit $VW = TU$

folglich $VD - DT : TU - DT = VD - DR : ND - DR$

mithin $TU - DT = ND - DR$

somit $TU = \begin{cases} DN \\ N \end{cases}$

ב) Es sey $BC > DZ$, so mufs also seyn

1) In Fig. 52.

a) $\left.\begin{matrix} DR \\ D\alpha + \alpha R \end{matrix}\right\} \leqq DB$ b) $\left.\begin{matrix} DR \\ D\alpha + \alpha R \end{matrix}\right\} \geqq DZ$

also $N \leqq BC$, also $DZ \geqq N$

wie vorhin unter א. 2. a. b.

2) In Fig. 53.

a) $\left.\begin{matrix} DR \\ D\alpha - \alpha R \end{matrix}\right\} \geqq DB$, b) $\left.\begin{matrix} DR \\ D\alpha - \alpha R \end{matrix}\right\} \leqq DZ$

also $BC \geqq N$, also $DZ \leqq N$,

wie vorhin, unter א. 1. a. b.

Beweis. Wie vorhin, unter א. 1. 2.

ג) Es sey $BC = DZ$, so mufs seyn

1) in Fig. 50. $DR \geqq DB, DR \leqq DZ$

also $BC \leqq N$, $DZ \geqq N$

2) in Fig. 51.

$DR \geqq DB, DR \leqq DZ$

also $BC \overset{=}{<} N$, $DZ \overset{=}{>} N$

Da diese Bedingungen nur $BC = N$, $DZ = N$ gestatten, so sind $BC, DZ$ die gesuchten Linien.

B) Der eine liegt ausserhalb des anderen (Fig. 54—57.).

a) Die gesuchte Linie soll gezogen werden von einem der äusseren Endpunkte D der Durchmesser (Fig. 54. 55.). Sie soll, wenn die gerade Linie DZ den Kreis über AB in Z berührt, den Kreis über DC in S schneidet, liegen zwischen den Bogen BZ, CS in Fig. 54. oder in Fig. 55.

### Analysis.

Es sey TU die gesuchte Linie, welche den über AB liegenden Kreis in V schneide. Macht man $AY = YB$, $VW = TU$, $DWF = YXD = R$, und zieht CU, so ist $WX : XU = FY : YC$

also $FY = YC$

folglich $AF = BC$

mithin ist AF der Lage und Gröſse nach, somit der Punkt F, und die gerade Linie DF gegeben.

$$\left.\begin{array}{r} \text{Ferner ist } FD:DC \\ \text{wenn } FD:DC = N:P,\ N:P \end{array}\right\} \begin{array}{l} = WD:DU \\ = VD+TU:DT-TU \\ = VD+N:DT-N \end{array}$$

$$\left.\begin{array}{r} \text{also } N:P \\ AD:H \\ BD.DA:BD.H \end{array}\right\} = \left\{\begin{array}{l} VD:DT-N-P \\ VD.DT:DT(DT-N-P), \text{ wenn } FD:DC = AD:H, \end{array}\right.$$

also $BD.H = DT(DT-N-P)$

folglich ist wegen der gegebenen BD, H das Rechteck $DT(DT-N-P)$ der Gröſse nach gegeben. Da auch

DT—(DT—N—P)=N+P gegeben ist, so ist DT (Dat. 85.) der Gröſse und (Dat. 28.) der Lage nach gegeben.

### Determination.

Es ist (fig. 54.) TD > DB, UD < DC, u. ZD > DT, SD < DU

also $\frac{TD-DU}{TU} > \frac{BD-DC}{BC}$, also $\frac{ZD-DS}{ZS} > \frac{TD-DU}{TU}$

folglich muſs $N \geqq BC, N \leqq ZS$ seyn.

Es ist (Fig. 55.) ZS:SD=YC:CD=XU:UD

Da SD < DZ, CD > DU

so ist ZS < XU, YC > XU

also auch ZS < TU, $\frac{CY+YB}{BC} > \frac{UX+XF}{TU}$

folglich muſs $N \leqq BC, N \geqq ZS$ seyn.

### Construction.

Man mache ADE=ADP=R, ED=DC, PD=DB, AF=DC, DN=N, NL#AG#FE, LM#DN, NM#DL, ON=NM, DOQ=R, PQ#DO, beschreibe über GQ als Durchmesser einen Kreis, welcher die verlängerte DB in R schneide, und aus D als Mittelpunkt mit einem Radius = DR einen zweiten. Der Punkt, in welchem derselbe den Bogen BZ erreicht, wird die gesuchte Linie bestimmen.

### Beweis.

Es ist $N \left\{\begin{matrix} = \\ > \\ = \\ < \end{matrix}\right\} BC$, wenn das $\left\{\begin{matrix} \text{obere} \\ \text{untere} \end{matrix}\right\}$ Zeichenpaar sich auf Fig. $\left\{\begin{matrix} 54. \\ 55. \end{matrix}\right\}$ bezieht.

$$\text{also}\ \begin{array}{r} ND(AD+DB) \\ ND(AD+BC)+\left\{\begin{matrix} ND.DC \\ LD(AD+BC)\end{matrix}\right. \\ (LD+DN)(AD+BC) \end{array} \left\{\begin{matrix} = \\ > \\ = \\ < \end{matrix}\right\} \begin{array}{l} BC(AD+DB) \\ \left\{\begin{matrix} BC.AD \\ AD(BD-DC)\end{matrix}\right\}+DB.BC \\ (AD+BC)BD-\left\{\begin{matrix} AD.DC \\ GD(AD+BC)\end{matrix}\right. \\ (AD+BC)(BD-DG) \end{array}$$

---

$$\text{folglich}\ \left.\begin{matrix} LD+DN \\ 2D\alpha \end{matrix}\right\} \left\{\begin{matrix} = \\ > \\ = \\ < \end{matrix}\right\} BD-DG \qquad \text{wenn}\ D\alpha = \alpha O,$$

---

$$\text{mithin}\ 2\alpha D.DB \left\{\begin{matrix} = \\ > \\ = \\ < \end{matrix}\right\} BD^2-BD.DG$$

---

$$\text{somit}\ \left.\begin{matrix} \left.\begin{matrix} BD.DG \\ DR.RO \end{matrix}\right\}+D\alpha^2 \\ R\alpha^2 \end{matrix}\right\} \left\{\begin{matrix} = \\ > \\ = \\ < \end{matrix}\right\} BD^2-2BD.D\alpha+D\alpha^2$$

---

$$\text{also}\ R\alpha \left\{\begin{matrix} = \\ > \\ = \\ < \end{matrix}\right\} BD-D\alpha$$

---

$$\text{folglich}\ \begin{matrix} R\alpha+\alpha D \\ DR \end{matrix} \left\{\begin{matrix} = \\ > \\ = \\ < \end{matrix}\right\} BD$$

Ferner ist $SZ \left\{\begin{matrix} = \\ > \\ = \\ < \end{matrix}\right\} N$, wenn das $\left\{\begin{matrix} \text{obere} \\ \text{untere} \end{matrix}\right\}$ Zeichenpaar sich auf Fig. $\left\{\begin{matrix} 54. \\ 55. \end{matrix}\right\}$ bezieht.

$$\text{also } \left.\begin{matrix} SZ:ZD \\ CY:YD \\ 2CY:2YD \\ FD-DC:FD+DC \\ AD-DG:AD+DG \end{matrix}\right\} \left\{\begin{matrix} = \\ > \\ = \\ < \end{matrix}\right\} ND:DZ$$

$$\text{Da nun } AD : DG = ND : DL$$

$$\text{folglich } AD+DG : AD = ND+DL : ND$$

$$\text{so ist } AD-DG : AD \left\{\begin{matrix} = \\ > \\ = \\ < \end{matrix}\right\} \left\{\begin{matrix} ND+DL \\ 2D\alpha \end{matrix}\right\} : DZ$$

$$\text{mithin } AD : DG \left\{\begin{matrix} = \\ > \\ = \\ < \end{matrix}\right\} DZ : DZ-2D\alpha$$

$$\text{somit } \left.\begin{matrix} AD : DZ \\ ZD : DB \end{matrix}\right\} \left\{\begin{matrix} = \\ > \\ = \\ < \end{matrix}\right\} DG : DZ-2D\alpha$$

$$\text{also } DZ^2-2BD.DA \left\{\begin{matrix} = \\ > \\ = \\ < \end{matrix}\right\} \left\{\begin{matrix} BD.DG \\ R\alpha^2-\alpha D^2 \end{matrix}\right.$$

$$\text{folglich } DZ^2-2BD.D\alpha+\alpha D^2 \left\{\begin{matrix} = \\ > \\ = \\ < \end{matrix}\right\} R\alpha^2$$

$$\text{mithin } ZD-D\alpha \left\{\begin{matrix} = \\ > \\ = \\ < \end{matrix}\right\} R\alpha$$

$$\text{somit } DZ\left\{\begin{matrix} = \\ > \\ = \\ < \end{matrix}\right\}\left\{\begin{matrix} R\alpha+\alpha D \\ DR \end{matrix}\right.$$

Der aus D als Mittelpunkt mit einem Radius $=DR$ beschriebene Kreis erreicht also den Bogen BZ in B, oder Z, oder in einem Punkte T zwischen B,Z. Im ersten Fall ist BC, im zweiten SZ die gesuchte Linie, wie von selbst erhellet. Im dritten ist

$$\begin{aligned} BD.DG &= DR.RO \\ &= DR(DR-ND-DL \end{aligned}$$

$$\text{also } \left.\begin{matrix} AD.DB:BD.DG \\ AD:DG \\ ND:DL \end{matrix}\right\} = \left\{\begin{matrix} VD.DT:DR(RD\text{-}ND\text{-}DL) \\ VD:DR-ND-DL \end{matrix}\right.$$

$$\text{folglich } \left.\begin{matrix} ND:DL \\ FD:DC \\ WD:DU \\ VD+TU:DT-TU \end{matrix}\right\} \begin{matrix} =VD+DN:RD-DN \\ \\ \text{wenn } DWF=R, \\ \text{weil } WX:XU=FY:YC, \end{matrix}$$

$$\text{wenn } YXD=R$$

$$\text{also } WX=XU$$

$$\text{folglich } VW=TU$$

$$\text{mithin } VD+DT:DT-TU=VD+DR:RD-DN$$

$$\text{somit } DT-TU=RD-DN$$

$$\text{und } TU=\left\{\begin{matrix} DN \\ N \end{matrix}\right.$$

b) Die gesuchte Linie soll gezogen werden von einem der inneren Endpunkte, D, der Durchmesser (Fig. 56. 57.). Sie soll, wenn die gerade Linie DZ den Kreis über AB in Z berührt, den Kreis über

CD in S schneidet, liegen zwischen den Bogen BZ, CS. Fig. 56. 57.

### Analysis.

Es sey TU die gesuchte Linie, welche den Kreis über AB in V schneide. Macht man AY=YB, VW=TU, DWF=YXD=R, und zieht CU, so ist

WX : XU=FY : YC

also FY=YC

folglich AF=BC

mithin ist AF der Lage und Gröfse nach, somit der Punkt F, und die gerade Linie DF gegeben.

Ferner ist FD:DC =WD:DU
N:P =DV+TU:TU—DT, wenn FD:DC=N:P,
=VD+N:N—DT

also N:P =VD:N—P—DT
AD:H =VD.DT:DT(N—P—DT),
BD.DA:AD.H wenn FD:DC=AD:H

folglich AD.H=DT(N—P—DT)

mithin ist wegen der gegebenen AD, H das Rechteck DT(N—P—DT) der Gröfse nach gegeben. Da auch DT+(N—P—DT)=N—P gegeben ist, so ist DT (Dat. 86.) der Gröfse und (Dat. 28.) der Lage nach gegeben.

### Construction.

Man mache ADE=R, ED=DC, PD=DB, AF=BC, DN=N, NL#AG#FE, LM#DN, NM#DL,

ON=NM, DOQ=R, PQ#DO, beschreibe über GQ als Durchmesser einen Kreis, welcher die gerade Linie DO in R schneide, und aus D als Mittelpunkt mit einem Radius = DR einen anderen. Der Punkt, in welchem derselbe den Bogen BZ erreicht, wird die gesuchte Linie bestimmen.

### Determination.

Damit der aus D als Mittelpunkt mit einem Radius = DR beschriebene Kreis den Bogen BZ erreiche, muſs $DR \left\{\begin{matrix} = \\ < \\ = \\ > \end{matrix}\right\} DB$, $DR \left\{\begin{matrix} = \\ > \\ = \\ < \end{matrix}\right\} DZ$ seyn, wenn das $\left\{\begin{matrix} \text{obere} \\ \text{untere} \end{matrix}\right\}$ Zeichenpaar sich auf Fig. $\left\{\begin{matrix} 56. \\ 57. \end{matrix}\right\}$ bezieht.

$$\text{Da } \left.\begin{matrix} DR \\ D\alpha + \alpha R \end{matrix}\right\} \left\{\begin{matrix} = \\ < \\ = \\ > \end{matrix}\right\} DB \text{ seyn muſs, } \qquad \text{wenn } D\alpha = \alpha O,$$

$$\text{so muſs } R\alpha \left\{\begin{matrix} = \\ < \\ = \\ > \end{matrix}\right\} BD - D\alpha$$

$$\text{also } \left.\begin{matrix} R\alpha^2 \\ D\alpha^2 - DR.RO \end{matrix}\right\} \left\{\begin{matrix} = \\ < \\ = \\ > \end{matrix}\right\} BD^2 - 2BD.D\alpha + D\alpha^2$$

$$\text{folglich } 2BD.D\alpha \left\{\begin{matrix} = \\ < \\ = \\ > \end{matrix}\right\} \left\{\begin{matrix} BD^2 + \left\{\begin{matrix} DR.RO \\ BD.DG \end{matrix}\right. \\ BD(BD+DG) \end{matrix}\right.$$

$$\text{mithin } 2D\alpha \begin{Bmatrix} = \\ < \\ = \\ > \end{Bmatrix} BD+DG$$

---

$$\text{somit } \left.\begin{matrix} ND.DF-LD.DF \\ ND(BC+AD)-ND.DC \\ ND(AD+DB) \end{matrix}\right\} \begin{Bmatrix} = \\ < \\ = \\ > \end{Bmatrix} \left\{\begin{matrix} BD.DF+FD.DG \\ DB(BC+AD)+AD.DC \\ (AD+DB)BC \end{matrix}\right.$$

---

$$\text{also } \left.\begin{matrix} ND \\ N \end{matrix}\right\} \begin{Bmatrix} = \\ < \\ = \\ > \end{Bmatrix} BC \text{ seyn.}$$

$$\text{Da } DZ \begin{Bmatrix} = \\ < \\ = \\ > \end{Bmatrix} \left\{\begin{matrix} DR \text{ seyn mufs,} \\ D\alpha+\alpha R \end{matrix}\right.$$

---

$$\text{so mufs } ZD-D\alpha \begin{Bmatrix} = \\ < \\ = \\ > \end{Bmatrix} R\alpha$$

---

$$\text{also } DZ^2-2ZD.D\alpha+\alpha D^2 \begin{Bmatrix} = \\ < \\ = \\ > \end{Bmatrix} R\alpha^2$$

---

$$\text{folglich } \left.\begin{matrix} D\alpha^2-\alpha R^2 \\ DR.RO \\ BD.DG \end{matrix}\right\} \begin{Bmatrix} = \\ < \\ = \\ > \end{Bmatrix} (2\alpha D-DZ)DZ$$

---

$$\text{mithin } \left.\begin{matrix} ZD : DB \\ AD : DZ \end{matrix}\right\} \begin{Bmatrix} = \\ > \\ = \\ < \end{Bmatrix} DG:2\alpha D-DZ$$

---

$$\text{somit } AD : DG \left\{\begin{matrix} = \\ > \\ = \\ < \end{matrix}\right\} DZ : 2\alpha D - DZ$$

$$\text{also } AD + DG : AD \left\{\begin{matrix} = \\ < \\ = \\ > \end{matrix}\right\} 2\alpha D : DZ \text{ seyn.}$$

$$\text{Nun ist } AD : DG = ND : DL$$

$$\text{folglich } AD : AD - DG = ND : ND - DL$$

$$\text{also mufs } \left.\begin{matrix} AD + DG : AD - DG \\ FD + DC : FD - DC \\ 2CY : 2YD \\ CY : YD \\ SZ : DZ \end{matrix}\right\} \left\{\begin{matrix} = \\ < \\ = \\ > \end{matrix}\right\} ND : DZ \quad \text{wenn } AY = YB,$$

$$\text{folglich } SZ \left\{\begin{matrix} = \\ < \\ = \\ > \end{matrix}\right\} \left\{\begin{matrix} ND \\ N \end{matrix}\right. \text{ seyn.}$$

**Beweis.**

$$\text{Es ist } N \left\{\begin{matrix} = \\ < \\ = \\ > \end{matrix}\right\} BC \text{ (Det.)}$$

$$\text{also } \left.\begin{matrix} ND(AD + DB) \\ (ND - DL)DF \end{matrix}\right\} \left\{\begin{matrix} = \\ < \\ = \\ > \end{matrix}\right\} \begin{matrix} (AD + DB)BC \\ (BD + DG)DF \end{matrix}$$

$$\text{folglich } 2\alpha D \left\{\begin{matrix} = \\ < \\ = \\ > \end{matrix}\right\} BD + DG, \qquad \text{wenn } D\alpha = \alpha O,$$

---

$$\text{mithin } 2\alpha D.DB \left\{\begin{matrix} = \\ < \\ = \\ > \end{matrix}\right\} BD^2 + BD.DG$$

---

$$\text{somit } D\alpha^2 - BD.DG \left\{\begin{matrix} = \\ < \\ = \\ > \end{matrix}\right\} BD^2 - 2\alpha D.DB + D\alpha^2$$

$$\text{Da } BD^2 + D\alpha^2 \overset{=}{>} 2\alpha D.DB$$

---

so ist für das untere Zeichenpaar $D\alpha^2 \overset{=}{>} BD.DG$

$$\text{Ferner ist } SZ \left\{\begin{matrix} = \\ < \\ = \\ > \end{matrix}\right\} N$$

---

$$\begin{matrix} \text{also } SZ : ZD \\ AD + DG : AD - DG \end{matrix} \left\{\begin{matrix} = \\ < \\ = \\ > \end{matrix}\right\} ND : DZ$$

$$\text{Nun ist } AD : DG = ND : DL$$

---

$$\text{also } AD - DG : AD = \left\{\begin{matrix} ND - DL \\ 2\alpha D \end{matrix}\right\} : ND$$

$$\text{folglich } AD + DG : AD \left\{\begin{matrix} = \\ < \\ = \\ > \end{matrix}\right\} 2\alpha D : DZ$$

---

$$\text{mithin } AD : DG \left\{\begin{matrix} = \\ > \\ = \\ < \end{matrix}\right\} DZ : 2\alpha D - DZ$$

---

$$\text{somit } \begin{matrix} AD:DZ \\ ZD:DB \end{matrix} \left\{\begin{matrix} = \\ > \\ = \\ < \end{matrix}\right\} DG:2\alpha D - DZ$$

$$\text{also } (2\alpha D - DZ)DZ \left\{\begin{matrix} = \\ > \\ = \\ < \end{matrix}\right\} BD.DG.$$

$$\text{folglich } D\alpha^2 - BD.DG \left\{\begin{matrix} = \\ > \\ = \\ < \end{matrix}\right\} DZ^2 - 2\alpha D.DB + D\alpha^2$$

$$\text{Es ist aber } DZ^2 + D\alpha^2 \genfrac{}{}{0pt}{}{=}{>} 2\alpha D.DB$$

$$\text{mithin ist für das obere Zeichenpaar } \alpha D^2 \genfrac{}{}{0pt}{}{=}{>} BD.DG$$

Der über GQ als Durchmesser beschriebene Krejs erreicht also die gerade Linie DO. Es geschehe in R, so ist $DR.RO = BD.DG$, folglich

$$\text{sowohl } \begin{matrix} D\alpha^2 - DR.RO \\ R\alpha^2 \end{matrix} \left\{\begin{matrix} = \\ < \\ = \\ > \end{matrix}\right\} BD^2 - 2BD.D\alpha + \alpha D^2$$

$$\text{mithin } R\alpha \left\{\begin{matrix} = \\ < \\ = \\ > \end{matrix}\right\} BD - D\alpha$$

$$\text{somit } \begin{matrix} R\alpha + \alpha D \\ DR \end{matrix} \left\{\begin{matrix} = \\ < \\ = \\ > \end{matrix}\right\} BD$$

$$\text{als auch } \begin{matrix} D\alpha^2 - DR.RO \\ R\alpha^2 \end{matrix} \left\{\begin{matrix} = \\ > \\ = \\ < \end{matrix}\right\} DZ^2 - 2\alpha D.DB + D\alpha^2$$

$$\text{mithin } R\alpha \left\{\begin{matrix} = \\ > \\ = \\ < \end{matrix}\right\} ZD - D\alpha, \text{ und } R\alpha \left\{\begin{matrix} = \\ > \\ = \\ < \end{matrix}\right\} \alpha D - DZ$$

---

$$\text{somit } \left.\begin{matrix} R\alpha + \alpha D \\ DR \end{matrix}\right\} \left\{\begin{matrix} = \\ > \\ = \\ < \end{matrix}\right\} DZ, \qquad \text{und } DZ \left\{\begin{matrix} = \\ > \\ = \\ < \end{matrix}\right\} \left\{\begin{matrix} D\alpha - \alpha R \\ DR', \end{matrix}\right.$$

wenn $\alpha R' = \alpha R$,

Der aus D als Mittelpunkt mit einem Radius $= DR$ beschriebene Kreis erreicht also den Bogen BZ in B, oder Z, oder in einem Punkte T zwischen B,Z. (Ein aus D als Mittelpunkt mit einem Radius $= DR'$ beschriebene Kreis erreicht ihn in Z, oder gar nicht.) Im ersten Fall ist BC, im zweiten ZS die gesuchte Linie, wie von selbst erhellet. Im dritten ist

$$\begin{aligned} BD.DG &= DR.RO \\ &= DR(ND - DL - DR) \end{aligned}$$

---

$$\text{also } \left.\begin{matrix} BD.DA : BD.DG \\ AD : DG \\ ND : DL \end{matrix}\right\} \begin{matrix} = VD.DT : DR(ND - DL - DR) \\ \text{wenn } DT \text{ den Kreis über } AB \\ \text{in } V \text{ schneidet,} \end{matrix}$$

$$= VD : ND - DL - DR$$

---

$$\text{folglich } \left.\begin{matrix} ND : DL \\ FD : DC \\ WD : DU \\ \\ VD + TU : TU - DT \end{matrix}\right\} \begin{matrix} = VD + DN : ND - DR \\ \\ \text{wenn } FWD = R, \text{ und } DT \text{ den} \\ \text{Kreis über } CD \text{ in } U \text{ schneidet,} \\ \text{weil } WX : XU = FY : YC \end{matrix}$$

wenn $YXD = R$,

---

also $WX = XU$

---

folglich $VW = TU$

---

mithin TU—DT=ND—DR

somit TU= $\begin{cases} ND \\ N \end{cases}$

C) Der eine Kreis schneidet den anderen (Fig. 58–75.).

a) Die gesuchte Linie soll gezogen werden von einem der äusseren Endpunkte, D, der Durchmesser (Fig. 58—67.). Der andere Endpunkt C des Durchmessers CD fällt

α) in den Mittelpunkt des über AB beschriebenen Kreises (Fig. 58. 59.). Die gesuchte Linie soll, wenn die gerade Linie DZ den Punkt D mit dem Durchschnittspunkte Z beider Kreise verbindet, zwischen den Bogen BZ, CZ (Fig. 58.), oder BZ, AZ (Fig. 59.) liegen.

Analysis.

Es sey TU die gesuchte Linie, welche den Kreis über AB in V schneide. Zieht man CU, so ist CUD=R, also TU=UV, folglich TV=2TU=2N, mithin ist TV eine gegebene gerade Linie, somit die Aufgabe auf Buch I. Aufgabe 1. reducirt.

β) Zwischen den Mittelpunkt des anderen Kreises, und denjenigen Endpunkt seines Durchmessers, welcher dem Punkte D am nächsten liegt (Fig. 60—63). Die gesuchte Linie soll, wenn die den Durchschnitt H beider Kreise mit D verbindende gerade Linie DH den über AB liegenden Kreis in K schneidet, und die diesen Kreis in Z berührende gerade Linie DZ den über CD liegenden in S schneidet, liegen

ℵ) Zwischen den Bogen BK, CH (Fig. 60.).

Analysis.

Es sey TU die gesuchte Linie, welche den über AB liegenden Kreis in V schneide. Macht man AY=YB, VW=TU, DWF=YX=DR und zieht CU,

so ist WX:XU=FY:YC

also FY=YC

folglich AF=BC

mithin ist AF der Lage und Gröfse nach, somit der Punkt F, und die gerade Linie DF gegeben.

Ferner ist FD : DC } =WD:DU
N : P } =VD+TU:DT−TU, wenn FD:DC=N:P
=VD+N:DT−N

also N : P } = { VD:DT−N−P
fürFD:DC=AD:H,AD:H } { VD.DT:DT(DT−N−P)
BD.DA:BD.H }

folglich ist BD.H=DT(DT−N−P).

mithin ist wegen der gegebenen BD,H das Rechteck DT(DT−N−P) gegeben. Da auch DT−(DT−N−P) =N+P gegeben ist, so ist DT (Dat. 85.) der Gröfse und (Dat. 28.) der Lage nach gegeben.

Determination.

Macht man KI=IH, und zieht IY,CH, so ist
IH:HD=YC:CD=XU:UD

Da nun HD<DU,UD<DC

so ist IH<UX,XU<CY

Und weil KI<TX,TX<BY

so ist $\left.\begin{matrix}HI+IK\\ HK\end{matrix}\right\} < \left\{\begin{matrix}UX+XT\\ TU\end{matrix}\right.$, $\left.\begin{matrix}UX+XT\\ TU\end{matrix}\right\} < \left\{\begin{matrix}CY+YB\\ BC\end{matrix}\right.$

---

also mufs $N \overset{=}{>} HK$, $N \overset{=}{<} BC$ seyn.

### Construction.

Man mache $ADE=ADP=R$, $ED=DC$, $PD=DB$, $AF=BC$, $DN=\mathbf{N}$, $NL \# AG \# FE$, $LM \# DN$, $NM \# DE$, $ON=NM$, $DOQ=R$, $PQ \# DO$, beschreibe über GQ als Durchmesser einen Kreis, welcher die verlängerte DO in R schneide, und aus D als Mittelpunkt mit einem Radius $=DR$ einen anderen. Der Punkt, in welchem derselbe den Bogen BK erreicht, wird die gesuchte **Linie** bestimmen.

### Beweis.

Es ist $BC \overset{=}{>} N$

---

$$
\text{somit}\ \left.\begin{matrix}
(AD+DB)BC \\
\left.\begin{matrix} AD.BC \\ AD(BD-DC)\end{matrix}\right\} + DB.BC \\
(AD+BC)DB - \left\{\begin{matrix} AD.DC \\ GD(AD+BC)\end{matrix}\right\} \\
(AD+BC)(BD-DG)
\end{matrix}\right\} \overset{=}{>} \left\{\begin{matrix}
ND(AD+DB) \\
ND.DA + \left\{\begin{matrix} ND.DB \\ ND(DC+CB)\end{matrix}\right. \\
ND(AD+BC)+LD(AD+BC) \\
(ND+DL)(AD+BC)
\end{matrix}\right.
$$

---

$$
\text{also}\ BD-DG \overset{=}{>} \left\{\begin{matrix} ND+DL \\ 2D\alpha,\ \text{wenn}\ D\alpha=\alpha O,\end{matrix}\right.
$$

---

$$
\text{folglich}\ BD^2-BD.DG \overset{=}{>} 2BD.D\alpha
$$

---

$$
\text{mithin}\ BD^2-2BD.D\alpha+D\alpha^2 \overset{=}{>} \left\{\begin{matrix} D\alpha^2+\left\{\begin{matrix} BD.DG \\ DR.RO\end{matrix}\right. \\ R\alpha^2\end{matrix}\right.
$$

somit $BD - D\alpha \geqq R\alpha$

und $BD \geqq \begin{cases} R\alpha + \alpha D \\ DR \end{cases}$

Ferner ist $KH \leqq N$

also $KH(FD+DC) \leqq \begin{cases} ND(FD+DC) \\ ND.DF + FD.DL \\ (ND+DL)FD \end{cases}$

folglich $KH : 2\alpha D \leqq \begin{cases} DF : FD + DC \\ DK : KD + DH, \end{cases}$ weil

$IH : HD = YC : CD,$

wenn $KI = IH,$

also $KH : HD = FC : CD$

folglich $KD : DH = FD : DC$

mithin $KH : 2D\alpha - KH \leqq KD : DH$

somit $\left.\begin{matrix} HK : KD \\ \left.\begin{matrix} CF \\ FD - DC \end{matrix}\right\} : FD \\ AD - DG : AD \end{matrix}\right\} \leqq 2D\alpha - KH : HD$

also $AD : DG \leqq HD : DK - 2D\alpha$

folglich $\left.\begin{matrix} AD : DH \\ KD : DB \end{matrix}\right\} \leqq GD : DK - 2D\alpha$

$$\text{mithin } KD^2 - 2KD.D\alpha \overset{=}{<} \begin{cases} GD.DB \\ DR.RO \\ R\alpha^2 - \alpha D^2 \end{cases}$$

$$\text{somit } KD^2 - 2KD.D\alpha + \alpha D^2 \overset{=}{<} R\alpha^2$$

$$\text{also } KD - D\alpha \overset{=}{<} R\alpha$$

$$\text{folglich } KD \overset{=}{<} \begin{cases} R\alpha + \alpha D \\ DR \end{cases}$$

Der aus D als Mittelpunkt mit einem Radius $= DR$ beschriebene Kreis erreicht also den Bogen BK in B, oder K, oder einem Punkte T zwischen B,K. Im ersten Fall ist BC, im zweiten HK die gesuchte Linie, wie von selbst erhellet. Im dritten ist

$$\begin{aligned} BD.DG &= DR.RO \\ &= DR(DR - ND - DL) \end{aligned}$$

$$\text{also } \left.\begin{array}{r} AD.DB:BD.DG \\ \\ \\ AD:DG \\ ND:DL \end{array}\right\} \begin{array}{l} = VD.DT:DR(DR - ND - DL), \\ \qquad \text{wenn DT den Kreis über AB} \\ \qquad\qquad \text{in V schneidet,} \\ = VD:DR - ND - DL \\ \end{array}$$

$$\text{folglich } \left.\begin{array}{r} ND:DL \\ FD:DC \\ WD:DU \\ \\ \\ VD + TU:DT - TU \\ \\ \end{array}\right\} \begin{array}{l} = VD + DN:RD - DN \\ \\ \\ \text{wenn } FWD = R, \text{ und DT den} \\ \text{Kreis über CD in U schneidet,} \\ \text{weil } WX:XU = FY:YC, \\ \qquad \text{wenn } YXD = R \end{array}$$

also $\underline{WX=XU}$

folglich $VW=TU$

mithin $VD+DT:DT-TU=VD+DR:RD-DN$

somit $DT-TU=RD-DN$

und $TU=\left\{\begin{matrix}DN\\N\end{matrix}\right.$

ב) Zwischen den Bogen BH, AK (Fig. 61.).

Analysis.

Es sey TU die gesuchte Linie, welche den über AB liegenden Kreis in V schneide. Macht man AY =YB, VW=TU, DWF=YXD=R, und zieht CU,

so ist $WX : XU=FY : YC$

also $FY=YC$

folglich $AF=BC$

mithin ist AF der Lage und Gröfse nach, somit der Punkt F, und die gerade Linie DF gegeben.

Ferner ist $\left.\begin{matrix}FD:DC\\N:P\end{matrix}\right\}\begin{matrix}=WD:DU\\=VD-TU:DT+TU,\end{matrix}$ wenn $FD:DC=N:P$,

$=VD-N:DT+N$

also $\left.\begin{matrix}N:P\\AD:H\\AD.DB:BD.H\end{matrix}\right\}\begin{matrix}=VD:DT+N+P\\=VD.DT:DT(DT+N+P),\end{matrix}$ wenn $FD:DC=AD:H$,

folglich $BD.H=DT(DT+N+P)$

mithin ist wegen der gegebenen BD,H das Rechteck DT(DT+N+P) gegeben. Da auch (DT+N+P)−DT =N+P gegeben ist, so ist DT (Dat. 85.) der Gröfse und (Dat. 28.) der Lage nach gegeben.

### Determination.

Es ist $CD > DU$, $BD < DT$

$$\text{also } \left.\begin{array}{c} CD-DB \\ BC \end{array}\right\} > \left\{\begin{array}{c} UD-DF \\ TU \end{array}\right.$$

folglich mufs $N \overset{=}{<} BC$ seyn.

### Construction.

Man mache $ADE = ADP = R$, $ED = DC$, $PD = DB$, $AF = BC$, $DN = N$, $NL \# AG \# FE$, $LM \# DN$, $NM \# DE$, $ON = NM$, $DOQ = R$, $PQ \# DO$, beschreibe über $GQ$ als Durchmesser einen Kreis, welcher die verlängerte $OD$ in $R$ schneide, und aus $D$ als Mittelpunkt mit einem Radius $= DR$ einen anderen. Der Punkt, in welchem derselbe den Bogen $BH$ erreicht, wird die gesuchte Linie bestimmen.

### Beweis.

Es ist $BC \overset{=}{>} N$

$$\text{also } \left.\begin{array}{c} AD+DB)BC \\ AD(CD-DB)+DB.BC \\ FD.DG-BD(AD-BC) \\ (GD-DB)FD \end{array}\right\} \overset{=}{>} \left\{\begin{array}{c} ND(AD+DB) \\ ND.DA+ND(DC-CB) \\ ND(AD-BC)+LD.DF \\ (ND+DL)FD \end{array}\right.$$

also $GD-DB \overset{=}{>} 2\alpha D$, wenn $D\alpha = \alpha O$,

folglich $GD \overset{=}{>} BD + 2D\alpha$

$$\text{mithin } \left.\begin{array}{r} BD.DG \\ DR.RO \\ R\alpha^2 - \alpha D^2 \end{array}\right\} \overset{=}{>} BD^2 + 2BD.D\alpha$$

$$\text{somit } R\alpha^2 \overset{=}{>} BD^2+2BD.D\alpha+\alpha D^2$$

$$\text{also } Ra \overset{=}{>} BD+D\alpha$$

$$\text{folglich } \left.\begin{matrix} R\alpha-\alpha D \\ DR \end{matrix}\right\} \overset{=}{>} BD$$

$$\text{Ferner ist } HK > HK-2D\alpha$$

$$\text{also } \left.\begin{matrix} HK:KD \\ \left.\begin{matrix} CF \\ FD-DC \end{matrix}\right\}:FD \\ AD-DG:AD \end{matrix}\right\} > HK-2D\alpha : KD$$

$$\text{weil } FD:DE=AD:DG$$

$$\text{weil } IH:HD=YC:CD, \text{ wenn } HI=IK$$

$$\text{also } KH:HD=FC:CD$$

$$\text{folglich } HK:KD=CF:FD$$

$$\text{folglich } AD:DG > KD:HD+2D\alpha$$

$$\text{mithin } \left.\begin{matrix} AD:DK \\ HD:DB \end{matrix}\right\} > GD:HD+2D\alpha$$

$$\text{somit } HD^2+2HD.D\alpha > \left\{\begin{matrix} BD.DG \\ DR.RO \\ R\alpha^2-\alpha D^2 \end{matrix}\right.$$

$$\text{also } HD^2+2HD.D\alpha+\alpha D^2 > R\alpha^2$$

$$\text{folglich } HD+D\alpha > \alpha R$$

$$\text{mithin } HD > \left\{\begin{matrix} R\alpha-\alpha D \\ DR \end{matrix}\right.$$

Der aus D als Mittelpunkt mit einem Radius $=DR$ beschriebene Kreis erreicht also den Bogen BH in B, oder einem Punkte T zwischen B,H. Im ersten Fall ist BC die gesuchte Linie, wie von selbst erhellet. Im zweiten ist

$BD.DG = DR.RO$
$\quad = DR(DR + ND + DL)$

also $AD - DB : BD.DG = VD.DT : DR(DR + ND + DL)$
$AD : DG = VD : DR + ND + DL$
$ND : DL$

folglich $ND : DL = VD - DN : RD + DN$
$FD : DC$
$WD : DU$ wenn $FWD = R$, und DT den Kreis über CD in U schneidet,
$VD - TU : DT + TU$ weil $WX : XU = FY : XC$, wenn $YXD = R$,

also $WX = XU$

folglich $VW = TU$

mithin $VD + DT : DT + TU = VD + DR : RD + DN$

somit $DT + TU = RD + DN$

und $TU = \begin{cases} DN \\ N \end{cases}$

ב) Zwischen den Bogen KZ, SH. (Fig. 62.)

Analysis.

Buchstäblich, wie bey א. (Fig. 60.)

Determination.

Wenn man $KI = IH$ macht, und IY, CH, CS zieht,
so ist $IH : HD = YC : CD$
$= XU : UD = ZS : SD$

Da $UD < DH$, $SD < DU$

so ist $UX < IH$, $SZ < XU$

also $\left.\begin{matrix}UX+XT\\ TU\end{matrix}\right\} < \left\{\begin{matrix}HI+IK,\\ HK\end{matrix}\right.\ SZ < \left\{\begin{matrix}UX+XT\\ TU\end{matrix}\right.$

folglich muſs $N \leqq HK$, $N \geqq SZ$ seyn.

### Construction.

Man mache $ADE = ADP = R$, $ED = DC$, $PD = DB$, $AF = BC$, $DN = N$, $NL \# AG \# FE$, $LM \# DN$, $NM \# DE$, $ON = NM$, $DOQ = R$, $PQ \# DO$, beschreibe über GQ als Durchmesser einen Kreis, welcher die verlängerte DO in R schneide, und aus D als Mittelpunkt mit einem Radius = DR einen anderen. Der Punkt, in welchem derselbe den Bogen KZ erreicht, wird die gesuchte Linie bestimmen.

### Beweis.

Es ist $HK \geqq N$

also $HK(FD+DC) \geqq \begin{cases} ND(FD+DC) \\ ND.DF+LD.DF \\ 2\alpha D.DF, \text{ wenn } D\alpha = \alpha O, \end{cases}$

folglich $HK:2D\alpha \geqq \begin{cases} DF:FD+DC \\ DK:KD+DH, \end{cases}$

weil $IH:HD = YC:CD$
wenn $KI = IH$,

also $KH:HD = FC:CD$

folglich $KD:DH = FD:DC$

mithin $HK:2D\alpha - HK \geqq KD:DH$

$$\left.\begin{array}{r} \text{somit } HK:KD \\ \left.\begin{array}{r}CF\\FD-DC\end{array}\right\}:FD \\ AD-DG:AD \end{array}\right\} \geqq 2D\alpha - HK:DH$$

---

$$\text{also } AD:DG \geqq HD:DK - 2D\alpha$$

---

$$\text{folglich } \left.\begin{array}{r} AD:DH \\ KD:DB \end{array}\right\} \geqq GD:DK - 2D\alpha$$

---

$$\text{mithin } DK^2 - KD.D\alpha \geqq \left\{\begin{array}{l} BD.DG \\ DR.RO \\ R\alpha^2 - \alpha D^2 \end{array}\right.$$

---

$$\text{somit } DK^2 - 2KD.D\alpha + \alpha D^2 \geqq R\alpha^2$$

---

$$\text{also } KD - D\alpha \geqq R\alpha$$

---

$$\text{folglich } KD \geqq \left\{\begin{array}{l} R\alpha + \alpha D \\ \quad DR \end{array}\right.$$

$$\text{Ferner ist } SZ \leqq N \text{ (Det.)}$$

---

$$\left.\begin{array}{r} \text{also } SZ:ZD \\ CY:YD \\ 2CY:2YD \\ FD-DC:FD+DC \\ AD-DG:AD+DG \end{array}\right\} \leqq ND:DZ$$

$$\text{Da } AD:DG = ND:DL$$

---

$$\text{so ist } AD+DG:AD = ND+DL:ND$$

---

$$\text{also } AD - DG : AD \overset{=}{<} 2D\alpha : DZ$$

$$\text{folglich } AD : DG \overset{=}{<} DZ : ZD - 2D\alpha$$

$$\text{mithin } \left.\begin{array}{l} AD : DZ \\ ZD : DB \end{array}\right\} \overset{=}{<} DG : ZD - 2D\alpha$$

$$\text{somit } DZ^2 - 2ZD.D\alpha \overset{=}{<} \left\{\begin{array}{l} BD.DG \\ DR.RO \end{array}\right.$$

$$\text{also } DZ^2 - 2ZD.D\alpha + \alpha D^2 \overset{=}{<} R\alpha^2$$

$$\text{folglich } ZD - D\alpha \overset{=}{<} R\alpha$$

$$\text{mithin } DZ \overset{=}{<} \left\{\begin{array}{c} R\alpha + \alpha D \\ DR \end{array}\right.$$

Der aus D als Mittelpunkt mit einem Radius $= DR$ beschriebene Kreis erreicht also den Bogen KZ in K, oder Z, oder in einem Punkte T zwischen K,Z. Im ersten Fall ist HK, im zweiten SZ die gesuchte Linie, wie von selbst erhellet. Im dritten ist $BD.DG = DR.RO$

also $TU = N$, buchstäblich, wie bey $\aleph$. (Fig. 60.)

Zwischen die Bogen SH,HZ (Fig. 63.).

### Analysis.

Buchstäblich, wie bey $\aleph$. (Fig. 60.)

### Determination.

Es ist $ZD > DT$, $SD < DU$

also $\left.\begin{matrix}ZD-DS\\ SZ\end{matrix}\right\} > \left\{\begin{matrix}TD-DU\\ TU\end{matrix}\right.$

folglich mufs $N \overset{=}{<} SZ$ seyn.

Construction.

Buchstäblich, wie bey ℵ. (Fig. 60.)

Beweis.

Es ist $SZ \overset{=}{>} N$

also $SZ:ZD \overset{=}{>} ND:DZ$

folglich $DZ \overset{=}{>} DR$, wie bey . (Fig. 62.)

Ferner ist $HK < HK + 2D\alpha$

also $HK:KD < HK + 2D\alpha:KD$

folglich $HD < DR$, wie bey ב. (Fig. 61.)

Der aus D als Mittelpunkt mit einem Radius $= DR$ beschriebene Kreis erreicht also den Bogen HZ in Z, oder in einem Punkte T zwischen H, Z. Im ersten Fall ist SZ die gesuchte Linie, wie von selbst erhellet. Im zweiten ist $DR.RO = BD.DG$

also $TU = N$, wie bey ℵ. (Fig. 60.)

γ) Zwischen den Mittelpunkt des anderen Kreises und denjenigen Endpunkt seines Durchmessers, welcher von dem Punkte D am meisten entfernt ist (Fig. 64—67.). Die gesuchte Linie soll, wenn die den Durchschnitt H beider Kreise mit D verbindende gerade Linie DH den über

AB liegenden Kreis in K (Fig. 64. 65.), und die diesen Kreis in Z berührende gerade Linie DZ den über CD liegenden in S schneidet (Fig. 66. 67.), liegen

א) zwischen den Bogen BH,HC. (Fig. 46.)

### Analysis.

Buchstäblich, wie zu β. א. (Fig. 60.)

### Determination.

Wenn man BSD=R macht, so ist SU.UD=BC:CD (El. VI. 2.).

Da UD<DC

so ist SU<BC

Zieht man die gerade Linie TA, so ist BTA=R

also ist BTD>R

folglich BTS<R

mithin SU>UT

somit BC>TU

also mufs $N \overset{=}{<} BC$ seyn.

### Construction.

Man mache ADE=ADP=R, ED=DC, PD=DB, AF=BC, DN=N, NL#AG#FE, LM#DN, NM#DE, ON=NM, DOQ=R, PQ#DO, beschreibe über GQ als Durchmesser einen Kreis, welcher die verlängerte DO in R schneide, und aus D als Mittelpunkt mit einem Radius=DR einen anderen. Der Punkt, in welchem derselbe den Bogen BH erreicht, wird die gesuchte Linie bestimmen.

**Beweis.**

Es ist $BC \overset{=}{>} N$ (Det.)

also $BD \overset{=}{>} DR$, wie bey β. ℵ. (Fig. 60.)

Ferner ist $HK > HK - 2D\alpha$

$$\text{also } \left.\begin{array}{r} HK:KD \\ \left.\begin{array}{r} CF \\ CD-DF \end{array}\right\} : FD \\ GD-DA : AD \end{array}\right\} > HK - 2D\alpha : KD$$

weil $IH:HD = YC:CD$,

wenn $HI = IK$,

also $KH:HD = FC:CD$

folglich $HK:KD = CF:FD$

folglich $AD:DG < KD:HD - 2D\alpha$

$$\text{mithin } \left.\begin{array}{r} AD:DK \\ HD.DB \end{array}\right\} < GD:DH - 2D\alpha$$

somit $DH^2 - 2BD.D\alpha < BD.DG$

$$\text{also } DH^2 - 2BD.D\alpha + \alpha D^2 < \left\{\begin{array}{l} \left.\begin{array}{l} BD.DG \\ DR.RO \end{array}\right\} + D\alpha^2 \\ \qquad R\alpha^2 \end{array}\right.$$

folglich $HD - D\alpha < R\alpha$

$$\text{mithin } DH < \left\{\begin{array}{l} R\alpha + \alpha D \\ DR \end{array}\right.$$

Der aus D als Mittelpunkt mit einem Radius $= DR$ beschriebene Kreis erreicht also den Bogen BH in B, oder in einem Punkte T zwischen B,H. Im ersten Fall ist BC die gesuchte Linie, wie leicht erhellet. Im zweiten ist $BD.DG = DR.RO$

also $TU = N$, wie bey β. ℵ. (Fig. 60.)

ב) Zwischen den Bogen BK, HC. (Fig. 65.)

Analysis.

Buchstäblich, wie bey β. ב. (Fig. 61.)

Determination.

Es ist $CD > DU$, $BD < DT$, und $UD > DH$, $TD < DK$

$$\text{also } \left.\begin{matrix} CD-DB \\ BC \end{matrix}\right\} > \left\{\begin{matrix} UD-DT \\ TU \end{matrix}\right. \text{, also } \left.\begin{matrix} UD-DT \\ TU \end{matrix}\right\} > \left\{\begin{matrix} HD-DK \\ HK \end{matrix}\right.$$

folglich mufs $N \overset{=}{<} BC$, $N \overset{=}{>} HK$ seyn.

Construction.

Man mache $ADE = ADP = R$, $ED = DC$, $PD = DB$, $AF = BC$, $DN = N$, $NL \# AG \# FE$, $LM \# DN$, $NM \# DE$, $ON = NM$, $DOQ = R$, $PQ \# DO$, beschreibe über GQ als Durchmesser einen Kreis, welcher die verlängerte OD in R schneide, und aus D als Mittelpunkt mit einem Radius $= DR$ einen anderen. Der Punkt, in welchem derselbe den Bogen BK erreicht, wird die gesuchte Linie bestimmen.

Beweis.

Es ist $BC \overset{=}{>} N$

also $DR \overset{=}{>} DB$, wie bey β. ב. (Fig. 61.)

Ferner ist $KH \overset{=}{<} N$

$$\text{also } KH(FD+DC) \overset{=}{<} \left\{\begin{matrix} ND(FD+DC) \\ ND.DF+LD.DF \\ (ND+DL)DF \end{matrix}\right.$$

$$\text{folglich } HK:2D\alpha \overset{=}{<} \begin{cases} DF:FD+DC, \text{ wenn } D\alpha=\alpha O, \\ DK:KD+DH, \end{cases}$$

$$\text{weil } IH:HD=YC:CD,$$

$$\text{wenn } KI=IH,$$

$$\text{also } KH:HD=FC:CD$$

$$\text{folglich } KD:DH=FD:DC$$

$$\text{mithin } HK:2D\alpha-KH \overset{=}{<} KD:DH$$

$$\text{somit } \left.\begin{matrix} HK:KD \\ \left.\begin{matrix} CF \\ CD-DF \end{matrix}\right\} :FD \\ GD-DA:AD \end{matrix}\right\} \overset{=}{<} 2D\alpha-KH:HD$$

$$\text{also } AD:DG \overset{=}{>} HD:DK+2D\alpha$$

$$\text{folglich } \left.\begin{matrix} AD:DH \\ KD:DB \end{matrix}\right\} \overset{=}{>} GD:DK+2D\alpha$$

$$\text{mithin } DK^2+2KD.D\alpha \overset{=}{>} \begin{cases} GD.DB \\ DR.RO \end{cases}$$

$$\text{somit } DK^2+2KD.D\alpha+\alpha D^2 \overset{=}{>} R\alpha^2$$

$$\text{also } KD+D\alpha \overset{=}{>} R\alpha$$

$$\text{folglich } KD \overset{=}{>} \begin{cases} R\alpha-\alpha D \\ DR \end{cases}$$

Der aus D als Mittelpunkt mit einem Radius = DR beschriebene Kreis erreicht also den Bogen

BK in B, oder K, oder in einem Punkte T zwischen B,K. Im ersten Fall ist BC, im zweiten HK die gesuchte Linie, wie von selbst erhellet. Im dritten ist BD.DG=DR.RO

also TU=N, wie bey β. ב. (Fig. 61.)

ב) Zwischen den Bogen HS,KZ. (Fig. 66.)

### Analysis.

Buchstäblich, wie bey β. ב. (Fig. 61.)

### Determination.

Es ist UD=DS, TD=DZ, und HD=DU, KD=DT

$$\text{also } \left.\begin{matrix}UD-TD\\TU\end{matrix}\right\} = \left\{\begin{matrix}SD-DZ,\\SZ\end{matrix}\right. \text{ also } \left.\begin{matrix}HD-DK\\HK\end{matrix}\right\} = \left\{\begin{matrix}UD-DT\\TU\end{matrix}\right.$$

folglich muſs $N \overset{=}{>} SZ$, $N \overset{=}{<} HK$ seyn.

### Construction.

Man mache ADE=ADP=R, ED=DC, PD=DB, AF=BC, DN=N, NL#AG#FE, LM#DN, NM#DE, ON=NM, PQ#DO, beschreibe über GQ als Durchmesser einen Kreis, welcher die verlängerte OD in R schneide, und aus D als Mittelpunkt mit einem Radius = DR einen anderen. Der Punkt, in welchem derselbe den Bogen KZ erreicht, wird die gesuchte Linie bestimmen.

### Beweis.

Es ist $HK \overset{=}{>} N$

also $DK \overset{=}{<} DR$, wie zu γ. ב. (Fig. 65.)

Ferner ist $SZ \overset{=}{<} N$

$$\text{also}\quad \left.\begin{array}{r} SZ:ZD \\ CY:YD \\ 2CY:2YD \\ CD-DF:CD+DF \\ GD-DA:GD+DA \end{array}\right\} \overset{=}{<} ND:DZ$$

Es ist $AD:DG = ND : DL$

folglich $GD+DA:AD = ND+DL : ND$

mithin $GD-DA:AD \overset{=}{<} 2D\alpha : DZ$

somit $AD:DG \overset{=}{>} DZ : DZ+2D\alpha$

$$\text{also}\quad \left.\begin{array}{r} AD:DZ \\ ZD:DB \end{array}\right\} \overset{=}{>} GD : DZ+2D\alpha$$

$$\text{folglich}\quad DZ^2+2ZD.D\alpha \overset{=}{>} \left\{\begin{array}{l} BD.DG \\ DR.RO \end{array}\right.$$

mithin $DZ^2+2ZD.D\alpha+\alpha D^2 \overset{=}{>} R\alpha^2$

somit $ZD+D\alpha \overset{=}{>} R\alpha$

$$\text{und}\quad DZ \overset{=}{>} \left\{\begin{array}{l} R\alpha-\alpha D \\ DR \end{array}\right.$$

Der aus D als Mittelpunkt mit einem Radius $= DR$ beschriebene Kreis erreicht also den Bogen KZ in K, oder Z, oder in einem Punkte T zwischen

zwischen K,Z. Im ersten Fall ist KH, im zweiten SZ die gesuchte Linie, wie leicht erhellet. Im dritten ist $BD.DG = DR.RO$

also $TU = N$, wie bey β. ב. (Fig. 61.)

ד) Zwischen den Bogen SH,HZ. (Fig. 67.)

### Analysis.

Buchstäblich, wie bey β. ב. (Fig. 61.)

### Determination.

Wenn $C\beta = \beta D$, so ist $CY < C\beta$

also $UY < YS$

folglich $\begin{array}{r} UY^2 \\ TU.UV + YZ^2 \end{array} \Big\} < \Big\{ \begin{array}{l} YS^2 \\ SZ^2 + ZY^2 \end{array}$

mithin $TU.UV < SZ^2$

somit $TU:SZ < SZ:UV$

Es ist $UD > DS$, $VD < DZ$

also $\begin{array}{r} UD - DV \\ UV \end{array} \Big\} > \Big\{ \begin{array}{l} SD - DZ \\ SZ \end{array}$

folglich $TU < SZ$

mithin muſs $N \leqq SZ$ seyn.

### Construction.

Man mache $ADE = ADP = R$, $ED = DC$, $PD = DB$, $AF = BC$, $DN = N$, $NL \# AG \# FE$, $LM \# DN$, $NM \# DE$, $ON = NM$, $DOQ = R$, $PQ \# DO$, beschreibe über GQ als Durchmesser einen Kreis, welcher die verlängerte OD in R schneide, und aus D als Mittelpunkt mit einem Radius = DR einen anderen. Der Punkt, in welchem derselbe den Bogen HZ erreicht, wird die gesuchte Linie bestimmen.

Beweis.

Es ist $SZ \overset{=}{>} N$

also $DZ \overset{=}{<} DR$, wie bey γ. ג. (Fig. 66.)

Ferner ist $HK < HK + 2D\alpha$

also $HD > DR$, wie bey β. ב. (Fig. 61.)

Der aus D mit einem Radius = DR beschriebene Kreis erreicht also den Bogen HZ in Z, oder in einem Punkte H zwischen H,Z. Im ersten Fall ist SZ die gesuchte Linie. Im zweiten ist

$DR.RO = BD.DG$

also $TU = N$, wie bey β. ב. (Fig. 61.)

b) Die gesuchte Linie soll gezogen werden von einem der inneren Endpunkte, D, der Durchmesser (Fig. 68—75.). Der Punkt D liegt

α) in dem Mittelpunkte des über AB beschriebenen Kreises (Fig. 68—71.). Die gesuchte Linie soll, wenn DH den Punkt D mit dem Durchschnitt H beider Kreise verknüpft, und das in D auf AD errichtete Perpendikel den über AB beschriebenen Kreis in Z,S schneidet,

א) zwischen den Bogen AH,HC (Fig. 68.).

ב) — — — — AK,HC (Fig. 69.).

ג) — — — — ZH,HD (Fig. 70.).

ד) — — — — ZH,KS (Fig. 71.).

Diese Fälle erledigen sich von selbst, indem in sämmtlichen DU gegeben ist, nämlich

in Fig. 68. ist DU=DT+TU=DA+N.
— 69. — — =TU—DT=N—DA.
— 70. — — =DT—TU=DA—N.
— 71. — — =TU—DT=N—DA.

β) Zwischen dem Mittelpunkte desselben, und dem ausserhalb des Kreises über DC liegenden Endpunkte seines Durchmessers (Fig. 72—75.). Die gesuchte Linie soll, wenn die den Punkt D mit dem Durchschnitte H beider Kreise verbindende gerade Linie den über AB liegenden Kreis in K, und das in D auf AD errichtete Perpendikel denselben Kreis in Z schneidet, liegen

ℵ) zwischen den Bogen CH,HB. (Fig. 72.)

### Analysis.

Es sey TU die gesuchte Linie, welche den über AB liegenden Kreis in V schneide. Macht man AY =YB, VW=TU, DWF=YXD=R, und zieht CU, so ist WX : XU=FY : YC

also FY=YC

folglich AF=BC

mithin ist AF der Lage und Gröſse nach, somit der Punkt F, und die gerade Linie DF gegeben.

Ferner ist FD:DC } =WD : DU
wenn FD:DC=N:P, N:P } =VD+TU:DT+TU
=VD+N:DT+N

also N:P ⎫ = VD:DT—(P—N)
wenn FD:DC-AD:H, AD:H ⎬ = VD.DT:DT(DT-(P-N))
BD.DA:AD.H ⎭

folglich ist BD.H = DT(DT—(P—N))
mithin ist wegen der gegebenen BD,H das Rechteck DT(DT—(P—N)) der Gröſse nach gegeben.

Da auch DT—(DT—(P—N)) = P—N gegeben ist, so ist DT (Dat. 85.) der Gröſse und (Dat. 28.) der Lage nach gegeben.

## Determination.

Es ist BTA = R

also BTD < R

folglich SU > UT, wenn BST = R,

Da DU:US = DC:CB, UD < DC,

so ist US < CB

mithin CB > UT

also muſs $N \leqq$ BC seyn.

## Construction.

Man mache ADE = ADP = R, ED = DC, PD = DB, AF = BC, DN = N, NL ♯ AG ♯ FE, LM ♯ DN, NM ♯ DE, ON—NM, welche ON > DN, weil FD < DC, nehme DOQ = R, PQ ♯ DO, beschreibe über GQ als Durchmesser einen Kreis, welcher die verlängerte DO in R schneide, und aus D als Mittelpunkt mit einem Radius = DR einen anderen. Der Punkt, in welchem derselbe den Bogen BH erreicht, wird die gesuchte Linie bestimmen.

### Beweis.

Es ist $N \overset{=}{<} BC$

$$\left.\begin{array}{r}\text{also } ND(BD-DA)\\ ND(DC-CB)-ND.DA\\ LD.DF-ND(AD+BC)\\ (LD-DN)(AD+BC)\end{array}\right\} \overset{=}{<} \left\{\begin{array}{l}CB(BD-DA)\\ CB.BD-(CD-DB)DA\\ (AD+BC)BD-FD.DG\\ (AD+BC)(BD-DG)\end{array}\right.$$

also $2D\alpha \overset{=}{<} BD-DG$, wenn $D\alpha = \alpha O$,

$$\text{folglich } 2BD.D\alpha \overset{=}{<} BD^2 - \left\{\begin{array}{l}BD.DG\\ DR.RO\\ R\alpha^2-\alpha D^2\end{array}\right.$$

mithin $R\alpha^2 \overset{=}{<} BD^2 - 2BD.D\alpha + \alpha D^2$

somit $R\alpha \overset{=}{<} BD - D\alpha$

$$\text{und } \left.\begin{array}{r}R\alpha+\alpha D\\ DR\end{array}\right\} \overset{=}{<} BD$$

Ferner ist $KH > KH - 2D\alpha$

$$\left.\begin{array}{r}\text{also } HK:KD\\ \left.\begin{array}{r}CF\\ CD+DF\end{array}\right\} : FD\\ GD+DA : AD\end{array}\right\} > HK - 2D\alpha : KD$$

weil $IH:HD = YC:CD$,
wenn $HI = K$,

also $KH:HD = FC:CD$

folglich $HK:KD = CF:FD$

folglich $AD:DG < KD:DH - 2D\alpha$

$$\text{mithin}\ \left.\begin{matrix}AD:DK\\ HD:DB\end{matrix}\right\} < GD:DH-2D\alpha$$

$$\text{somit}\ HD^2-2HD.D\alpha < \left\{\begin{matrix}BD.DG\\ R\alpha^2-\alpha D^2\end{matrix}\right.$$

$$\text{also}\ HD^2-2HD.D\alpha+\alpha D^2 < R\alpha^2$$

$$\text{folglich}\ HD-D\alpha < R\alpha$$

$$\text{mithin}\ HD < \left\{\begin{matrix}R\alpha+\alpha D\\ DR\end{matrix}\right.$$

Der aus D als Mittelpunkt mit einem Radius $= DR$ beschriebene Kreis erreicht also den Bogen BH in B, oder in einem Punkte T zwischen B,H. Im ersten Fall ist BC die gesuchte Linie, wie leicht erhellet. Im zweiten ist

$$\begin{aligned}BD\,DG &= DR.RO\\ &= DR(DR-(LD-DN))\end{aligned}$$

$$\text{also}\ \left.\begin{matrix}AD.DB:BD.DG\\ AD:DG\\ ND:DL\end{matrix}\right\} \begin{aligned}&= VD.DT:DR(DR-(LD-DN))\\ &\quad \text{wenn } DT \text{ den Kreis über } AB \text{ in } V \text{ schneidet,}\\ &= VD:DR-(LD-DN)\end{aligned}$$

$$\text{folglich}\ \left.\begin{matrix}ND:DL\\ FD:DC\\ WD:DU\\ \\ \\ VD+TU:DT+TU\end{matrix}\right\} \begin{aligned}&= VD+ND:RD+DN\\ &\quad \text{wenn } FWD=R, \text{ und } DT \text{ den Kreis über } CD \text{ in } U \text{ schneidet,}\\ &\quad \text{weil } WX:XU=FY:YC, \text{ wenn } YXD=R,\end{aligned}$$

$$\text{also}\ WX=XU$$

$$\text{folglich}\ VW=TU$$

mithin TD—DV:DT+TU=RD—DV:RD+DN

somit DT+TU=RD+DN

und TU=N

ב) Zwischen den Bogen CH, BK (Fig. 73.).

Analysis.

Es sey TU die gesuchte Linie, welche den über AB liegenden Kreis in V schneide. Macht man AY =YB, VW=TU, DWF=YXD=R und zieht CU, so ist WX:XU=FY : YC

also FY=YC

folglich AF=BC

mithin ist AF der Lage und Gröſse nach, somit der Punkt F, und die gerade Linie DF gegeben.

Ferner ist FD:DC } =WD:DU
wenn FD:DC=N:P, N:P } =TU—VD:TU—DT
=N—DV:N—DT

also N:P } =VD:DT+P—N
wennFD:DC=AD:H,AD:H } =VD.DT:DT(DT+P—N)
AD.DB:BD.H }

folglich DT.H=DT(DT+P—N)

mithin ist wegen der gegebenen BD,H das Rechteck DT(DT+P—N) der Gröſse nach gegeben. Da auch (DT+P—N)—DT=P—N gegeben ist, so ist DT (Dat. 85.) der Gröſse und (Dat. 28.) der Lage nach gegeben.

Determination.

Es ist CY:YD=UX:XD, und IH:HD=YC:CD, wenn HI=IK,
=XU : UD

| | |
|---|---|
| Da $\overline{YD > DX}$ | Da $\overline{HD < DU}$ |
| so ist $CY > UX$ | so ist $IH < XU$ |
| Weil auch $\overline{AB > VT}$ | Weil $\overline{YX < YI}$ |
| also $\overline{YB > TX}$ | so ist $\overline{TX > IK}$ |
| so ist $\left.\begin{matrix} CY+YB \\ BC \end{matrix}\right\} > \left\{\begin{matrix} TX+XU \\ TU \end{matrix}\right.$ | also $\left.\begin{matrix} HI+IK \\ HK \end{matrix}\right\} < \left\{\begin{matrix} UX+XT \\ TU \end{matrix}\right.$ |

folglich mufs $N \overset{=}{<} BC, N \overset{=}{>} HK$ seyn.

### Construction.

Man mache $ADE = ADG = R$, $ED = DC$, $PD = DB$, $AF = BC$, $DN = N$, $NL \# AG \# FE$, $LM \# DN$, $NM \# DE$, $ON = NM$, welche $ON > ND$, weil $FD < DC$, nehme $DOQ = R$, $PQD \# O$, beschreibe über $GQ$ als Durchmesser einen Kreis, welcher die verlängerte $OD$ in $R$ schneide, und aus $D$ als Mittelpunkt mit einem Radius $= DR$ einen anderen. Der Punkt, in welchem derselbe den Bogen $BH$ erreicht, wird die gesuchte Linie bestimmen.

### Beweis.

Es ist $\overline{BC \overset{=}{>} N}$ (Det.)

$$\left.\begin{matrix} \text{also } (AD-DB)BC \\ AD(CD+DB)-DB\,BC \\ GD.DF-DB(BC-AD) \\ (GD-DB)(BC-AD) \end{matrix}\right\} \overset{=}{>} \left\{\begin{matrix} ND(AD-DB) \\ ND.DA-ND(BC-CD) \\ LD.DF-ND(BC-AD) \\ (LD-DN)(BC-AD) \end{matrix}\right.$$

folglich $GD-DB \overset{=}{>} 2D\alpha$, wenn $D\alpha = \alpha O$, mithin $GD.DB - BD^2 \geqq 2BD.D\alpha$

$$\text{somit}\ \left.\begin{array}{r} GD.DB \\ DR.RO \\ R\alpha^2 - \alpha D^2 \end{array}\right\} \geqq BD^2 + 2BD.D\alpha$$

also $R\alpha \geqq BD^2 + 2BD.D\alpha + \alpha D^2$

folglich $R\alpha \geqq BD + D\alpha$

$$\text{mithin}\ \left.\begin{array}{r} R\alpha - \alpha D \\ DR \end{array}\right\} \geqq DB$$

Ferner ist $HK \leqq N$

$$\text{also}\ HK(CD - DF) \leqq \left\{\begin{array}{l} ND(CD - DF) \\ FD.DL - ND.DF \\ \quad 2FD.D\alpha \end{array}\right.$$

$$\text{folglich}\ HK:2D\alpha \leqq \left\{\begin{array}{l} DF:CD - DF \\ KD:HD - DK, \end{array}\right.$$

weil $IH:HD = YC:CD$, wenn $HI = IK$,

also $KH:HD = FC:CD$

folglich $KD:DH = FD:DC$

mithin $HK:2D\alpha + HK \leqq KD:DH$

$$\left.\begin{array}{r} \text{somit}\ HK:KD \\ \text{(El. VI. 2.)}\ \left.\begin{array}{r} CF \\ CD + DF \end{array}\right\} : FD \\ GD + DA:AD \end{array}\right\} \leqq 2D\alpha + HK:DH$$

(El. VI. 2. V. 18)

$$\text{also } AD:DG \overset{=}{>} DH:2\alpha D+DK$$

$$\text{folglich } \left.\begin{array}{l}AD:DH\\ KD:DB\end{array}\right\} \overset{=}{>} DG:2\alpha D+DK$$

$$\text{mithin } KD^2+2\alpha D.DB \overset{=}{>} \left\{\begin{array}{l}BD.DG\\ R\alpha^2-\alpha D^2\end{array}\right.$$

$$\text{somit } KD^2+2\alpha D.DB+D\alpha^2 \overset{=}{>} R\alpha^2$$

$$\text{also } KD+D\alpha \overset{=}{>} \alpha R$$

$$\text{folglich } KD \overset{=}{>} \left\{\begin{array}{l}R\alpha-\alpha D\\ DR\end{array}\right.$$

Der aus D als Mittelpunkt mit einem Radius $=DR$ beschriebene Kreis erreicht mithin den Bogen DK in B, oder K, oder in einem Punkte T zwischen B,K. Im ersten Fall ist BC, im zweiten HK die gesuchte Linie, wie von selbst erhellet. Im dritten ist

$$\begin{aligned} BD.DG &= DR.RO \\ &= DR(DR+LD-DN) \end{aligned}$$

$$\text{also } \left.\begin{array}{r}AD.DB:BD.DG\\ AD:DG\\ ND:DL\end{array}\right\} \begin{array}{l}=VD.DT:DR(DR+LD-DN)\\ \quad\text{wenn } DT \text{ den Kreis über}\\ \quad AB \text{ in } V \text{ schneidet,}\\ =VD:DR+LD-DN\end{array}$$

$$\text{folglich } \left.\begin{array}{r}ND:DL\\ FD:DC\\ WD:DU\\ \\ TU-DV:TU-DT\end{array}\right\} \begin{array}{l}=ND-DV:ND-DR\\ \quad\text{wenn } FWD=R, \text{ und } DT\\ \quad\text{den Kreis über } CD \text{ in } U\\ \quad\text{schneidet,}\\ \quad\text{weil } WX:XU=FY:YC,\\ \quad\text{wenn } YXD=R,\end{array}$$

also $\overline{WX}=\overline{XU}$

folglich $\overline{VW}=TU$

mithin $\overline{VD-DT:TU-DT=VR-DR:ND-DR}$

somit $\overline{TU-DT=ND-DR}$

und $TU=\begin{cases}ND\\N\end{cases}$

3) Zwischen den Bogen DH,HZ. (Fig. 74.)

### Analysis.

Es sey TU die gesuchte Linie, welche den über AB liegenden Kreis in V schneide. Macht man AY =YB, VW=TU, DWF=YXD=R, und zieht CU, so ist $\overline{WX:XU}=\overline{FY:YC}$

also $\overline{FY=YC}$

folglich AF=BC

mithin ist AF der Lage und Gröſse nach, somit der Punkt F, und die gerade Linie DF gegeben.

$$\left.\begin{array}{r}\text{Ferner ist } FD:DC\\ \text{wenn } FD:DC=N:P,\ N:P\end{array}\right\}\begin{array}{l}=WD:DU\\=VD-TU:DT-TU,\\=VD-N:DT-N\end{array}$$

$$\left.\begin{array}{r}\text{also } N:P\\ \text{für } FD:DC=AD:H,\ AD:H\\ AD.DB:BD.H\end{array}\right\}\begin{array}{l}=VD:DT+P-N\\=VD.DT:DT(DT+P-N)\\ \end{array}$$

folglich BD.H=DT(DT+P—N)

mithin ist wegen der gegebenen BD,H das Rechteck DT(DT+P—N) der Gröſse nach gegeben. Da auch (DT+P—N)—DT=P—N gegeben ist, so ist DT

(Dat. 85) der Gröſse und (Dat. 28.) der Lage nach gegeben.

### Determination.

Es ist $DC > DB$ (hyp.)

also $\frac{1}{2}\underbrace{DC}_{I\beta} > \frac{1}{2}DB$

Da auch $\frac{1}{2}DB > DY$ (hyp.)

so ist $I\beta > DY$

folglich $\beta Z > \beta T$

mithin $\left.\begin{matrix}\beta Z^2\\ \beta D^2 + DZ^2\end{matrix}\right\} > \left\{\begin{matrix}\beta T^2\\ DT.TU + \beta D^2\end{matrix}\right.$

somit $DZ^2 > DT.TU$

also $TD:DZ < ZD:TU$

Es ist aber $TD > DZ$

folglich $ZD > TU$

mithin muſs $N \overset{=}{<} DZ$ seyn.

### Construction.

Man mache $ADE = ADP = R$, $ED = DC$, $PD = DB$, $AF = BC$, $DN = N$, $NL \# AG \# FE$, $LM \# DN$, $NM \# DE$, $ON = NM$, welche $ON > NM$, weil $FD < DC$, nehme $DOQ = R$, $PQ \# DO$, beschreibe über GQ als Durchmesser einen Kreis, welcher die verlängerte VD in R schneide, und aus D als Mittelpunkt mit einem Radius $= DR$ einen anderen. Der Punkt, in welchem derselbe den Bogen HZ erreicht, wird die gesuchte Linie bestimmen.

**Beweis.**

$$\text{Es ist } \underline{DZ \overset{\doteq}{>} N} \text{ (Det.)}$$

$$\text{also } \left.\begin{array}{r} DZ^2 \\ AD.DB \end{array}\right\} \overset{=}{>} DN.DZ$$

$$\text{folglich } BD{:}DZ \overset{=}{>} \left\{\begin{array}{l} ND{:}DA \\ \left\{\begin{array}{c} ND(GD-DA) \\ AD.DL-ND.DA \\ 2AD.D\alpha \end{array}\right\} \begin{array}{l} :(GD-DA)AD \\ \\ \text{wenn } D\alpha = \alpha O, \end{array} \\ \quad 2D\alpha{:}GD-DA \end{array}\right.$$

$$\text{mithin } \underline{BD.DG-BD.DA \overset{=}{>} 2\alpha D.DZ}$$

$$\text{somit } \left.\begin{array}{r} BD.DG \\ DR.RO \\ R\alpha^2-\alpha D^2 \end{array}\right\} \overset{=}{>} DZ^2+2\alpha D.DZ$$

$$\text{also } \underline{R\alpha^2 \overset{=}{>} DZ^2+2\alpha D.DZ+D\alpha^2}$$

$$\text{folglich } \underline{R\alpha \overset{=}{>} ZD+D\alpha}$$

$$\text{mithin } \left.\begin{array}{r} R\alpha-D\alpha \\ DR \end{array}\right\} \overset{=}{>} DZ$$

$$\text{Ferner ist } \underline{KH < KH+2D\alpha}$$

$$\left.\begin{array}{r} \text{also } HK{:}KD \\ \left.\begin{array}{r} CF \\ CD+DF \end{array}\right\} : FD \\ \\ \text{(El.VI.2.V.18.)} GD+DA{:}AD \end{array}\right\} < KH+2D\alpha{:}KD \quad \begin{array}{r} \text{weil } IH{:}HD \doteq YC{:}CD, \\ \text{wenn } HI = IK, \\ \hline \text{also } \underline{KH{:}HD = FC{:}CD} \end{array}$$

$$\text{folglich } HK:KD = CF:FD$$

$$\text{folglich } AD:DG > KD:DH + 2D\alpha$$

$$\text{mithin } \left.\begin{array}{l} AD:DK \\ HD:DB \end{array}\right\} > GD:DH + 2D\alpha$$

$$\text{somit } DH^2 + 2HD.D\alpha > \left\{\begin{array}{l} BD.DG \\ R\alpha^2 - \alpha D^2 \end{array}\right.$$

$$\text{also } DH^2 + 2HD.D\alpha + \alpha D^2 > R\alpha^2$$

$$\text{folglich } HD + D\alpha > R\alpha$$

$$\text{mithin } HD > \left\{\begin{array}{l} R\alpha - \alpha D \\ DR \end{array}\right.$$

Der aus D als Mittelpunkt mit einem Radius $= DR$ beschriebene Kreis erreicht also den Bogen HZ in Z, oder einem Punkte T zwischen H,Z. Im ersten Fall ist DZ die gesuchte Linie, wie von selbst erhellet. Im zweiten ist

$$\begin{aligned} BD.DG &= DR.RO \\ &= DR(DR + LD - DN) \end{aligned}$$

$$\text{also } \left.\begin{array}{r} AD.DB:BD.DG \\ AD:DG \\ ND:DL \end{array}\right\} \begin{array}{l} = VD.DT:DR(DR + LD - DN) \\ = VD:DR + LD - DN \\ \phantom{x} \end{array}$$

$$\text{folglich } \left.\begin{array}{r} ND:DL \\ FD:DC \\ WD:DU \\ \\ VD - TU:DT - TU \end{array}\right\} \begin{array}{l} = VD - DN:RD = DN \\ \\ \text{wenn } FWD = DR, \text{ und } DT \\ \text{den Kreis über } CD \text{ in } U \text{ schneidet,} \\ \text{weil } WX:XU = FY:YC, \\ \text{wenn } YXD = R, \end{array}$$

$$\text{also } WX = XU$$

folglich $VW = TU$

mithin $TD - DV : DT - TU = RD - DV : RD - DN$

somit $DT - TU = RD - DN$

und $TU = \begin{cases} DN \\ N \end{cases}$

ד) Zwischen den Bogen DH, ZK. (Fig. 75.)

**Analysis.**

Buchstäblich, wie bey ב. (Fig. 73.)

**Determination.**

Es ist $CD > DA$ (hyp.)

also $\left.\begin{array}{l} \frac{1}{2}CD \\ D\beta \end{array}\right\} > \frac{1}{2}DA$

Da auch $\frac{1}{2}DA > DY$

so ist $\beta D > DY$

folglich $\beta Z < \beta T$

mithin $\left.\begin{array}{l} \beta Z^2 \\ \beta D^2 + DZ^2 \end{array}\right\} < \left\{\begin{array}{l} \beta T^2 \\ DT.TU + \beta D^2 \end{array}\right.$

somit $DZ^2 < DT.TU$

also $TD : DZ > ZD : TU$

Es ist aber $TD < DZ$

folglich $ZD < TU$

Auch ist $IH : HD = YC : CD$, wenn $HI = IK$,

$= XU : UD$

Da $HD > DU$

so ist $IH > XU$

Nun ist $YX > YI$

also $KI > TX$

folglich $\left.\begin{matrix} KI + IH \\ KH \end{matrix}\right\} > \left\{\begin{matrix} TX + XU \\ TU \end{matrix}\right.$

mithin mufs $N \geqq DZ$, $N \leqq KH$ seyn.

**Construction.**

Man mache $ADE = ADG = R$, $ED = DC$, $PD = DB$, $AF = BC$, $DN = N$, $NL \# AG \# FE$, $LM \# DN$, $NM \# OE$, $ON = NM$, welche $ON > NM$ wegen $FD < DC$, nehme $DOQ = R$, $PQ \# DO$, beschreibe über GQ als Durchmesser einen Kreis, welcher die verlängerte OD in R schneide, und aus D als Mittelpunkt mit einem Radius $= DR$ einen anderen. Der Punkt, in welchem derselbe den Bogen KZ erreicht, wird die gesuchte Linie bestimmen.

**Beweis.**

Es ist $DZ \leqq N$

also $\left.\begin{matrix} DZ^2 \\ AD \cdot DB \end{matrix}\right\} \leqq ND \cdot DZ$

folglich $BD : DZ \leqq ND : DA$

mithin $DR \leqq DZ$, wie bey ב. (Fig. 74.)

Ferner ist $HK \geqq N$

also $HK(CD - DF) \geqq ND(CD - DF)$

folglich $DK \leqq DR$, wie bey ב. (Fig. 73.)

Der aus D als Mittelpunkt mit einem Radius = DR beschriebene Kreis erreicht also den Bogen KZ in Z, oder K, oder in einem Punkte T zwischen K,Z. Im ersten Fall ist DZ, im zweiten HK die gesuchte Linie, wie von selbst erhellet. Im dritten ist $\frac{BD.DG=DR.RO}{}$

also TU=N, wie bey ב. (Fig. 73.)

γ) zwischen dem Mittelpunkte desselben und dem innerhalb des Kreises über DC liegenden Endpunkte seines Durchmessers.

Dieser Fall ist durch β erlediget.

---

Bonn, gedruckt bey C. F. Thormann.

# Der Bücher

# de inclinationibus

# Erstes.

Fig. 1.

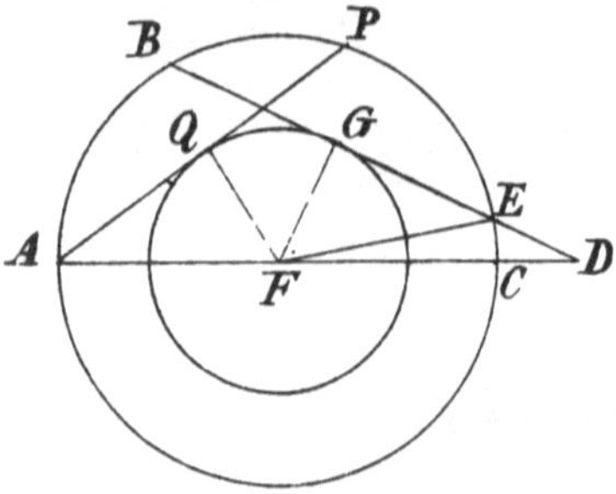

Fig. 2.

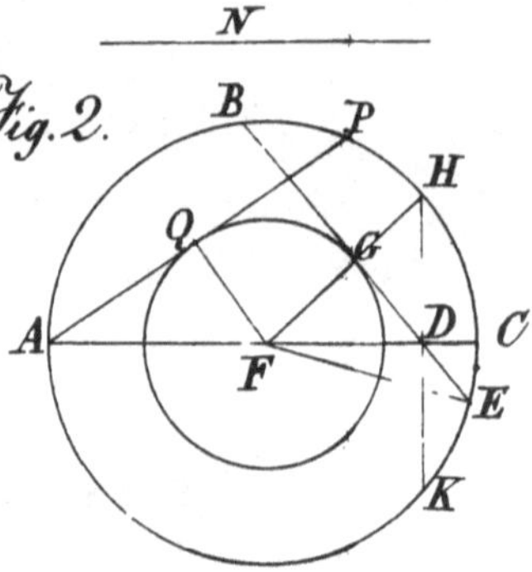

Fig. 5

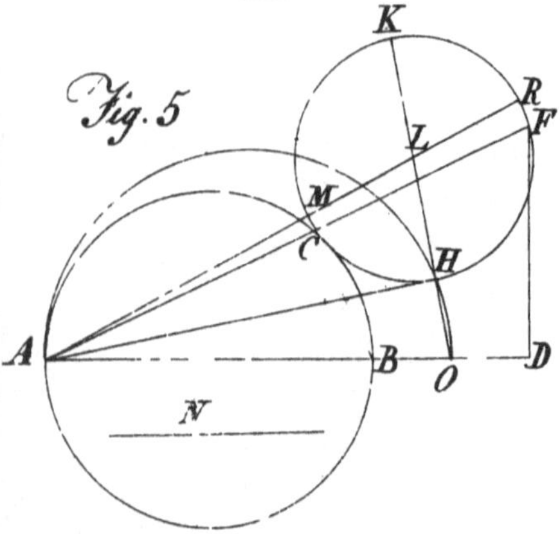

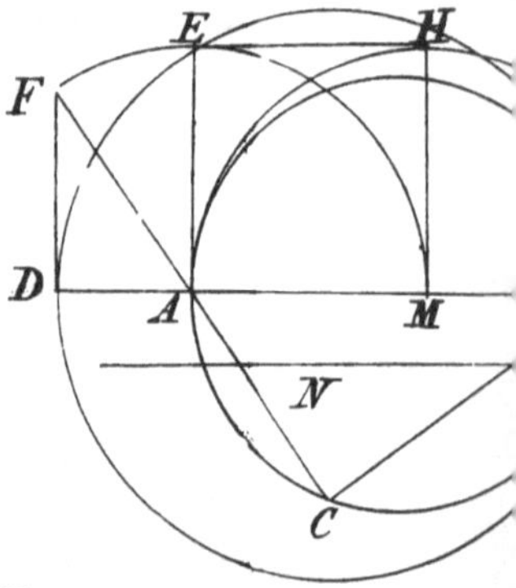

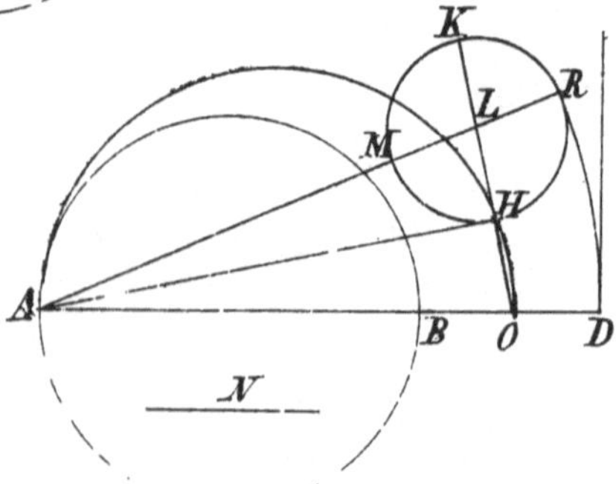

Fig. 6.

Fig. 3.

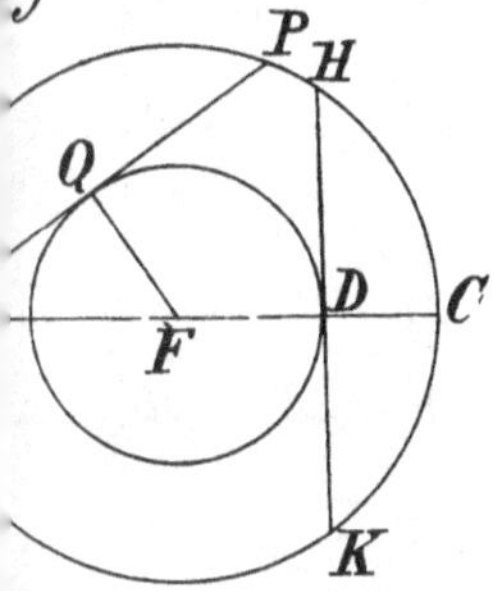


Fig. 4.

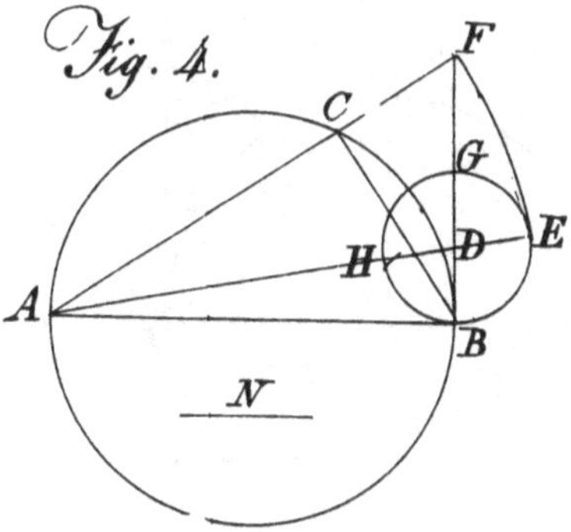


Fig. 8

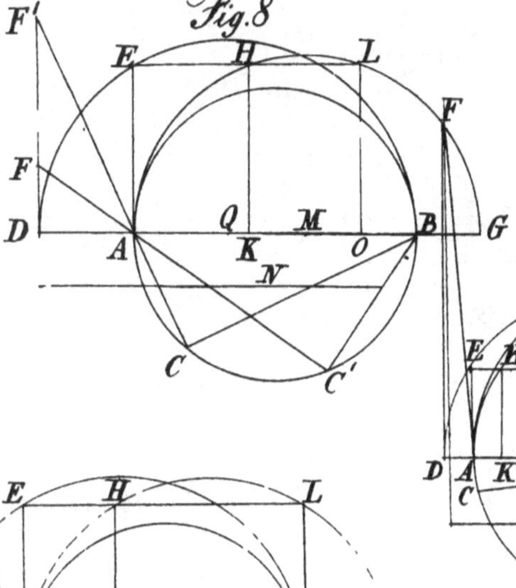


Fig. 10

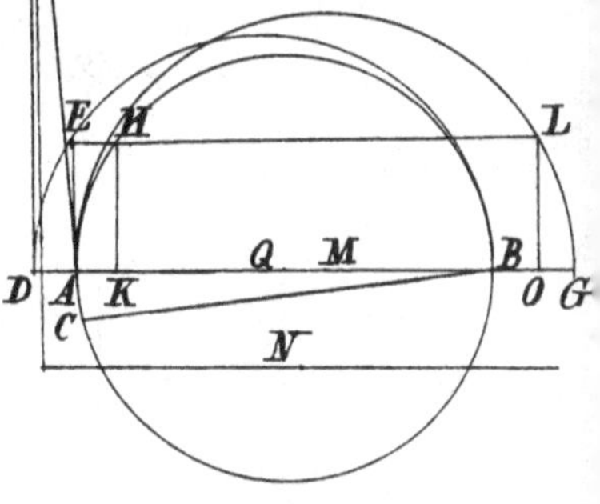


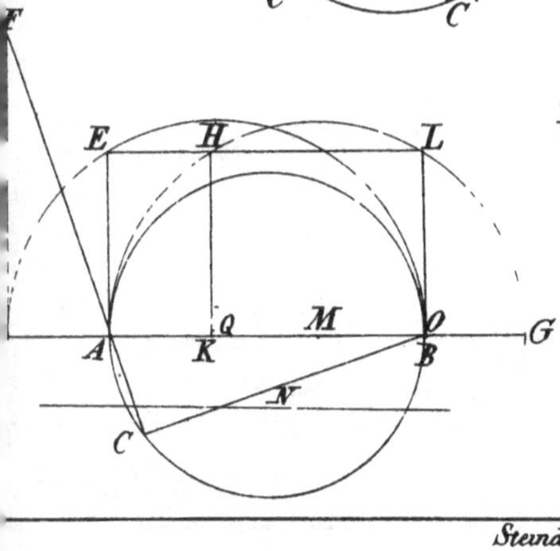


Steindruckerey von Rud. Schlicht in Mannheim

Fig. 11.

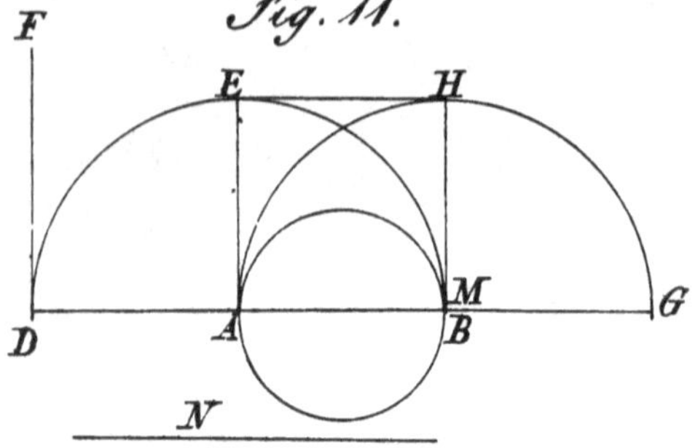


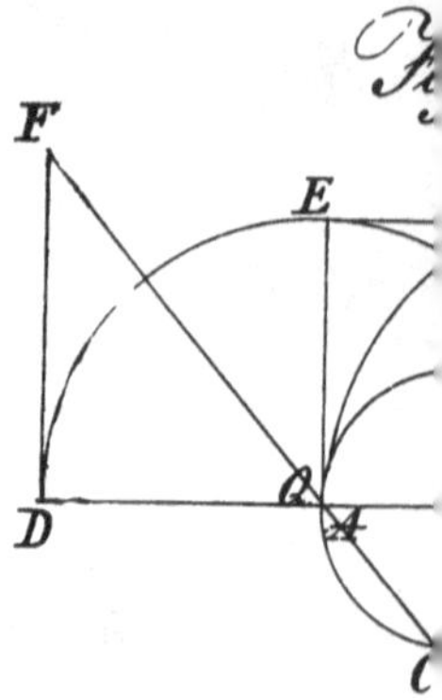


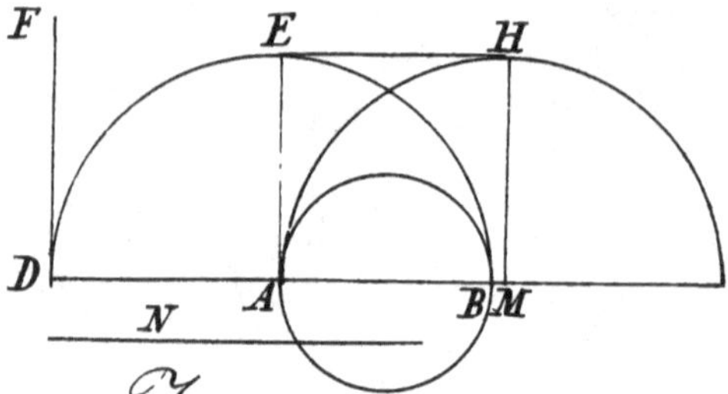


Fig. 12

Fig. 15.

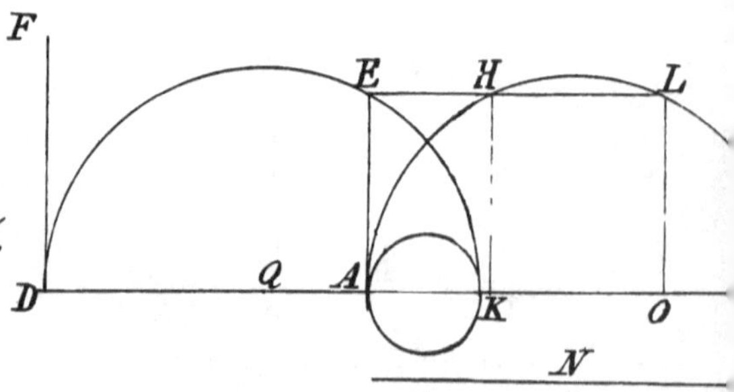

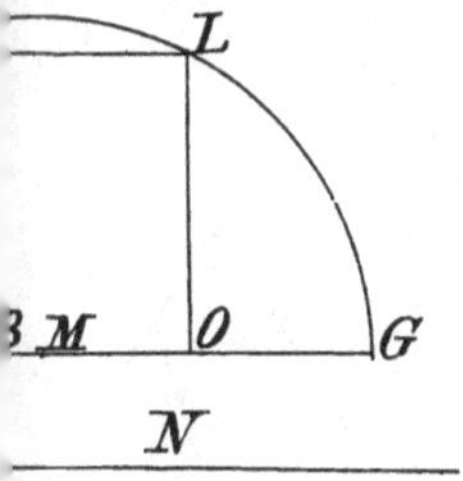


Fig. 14.

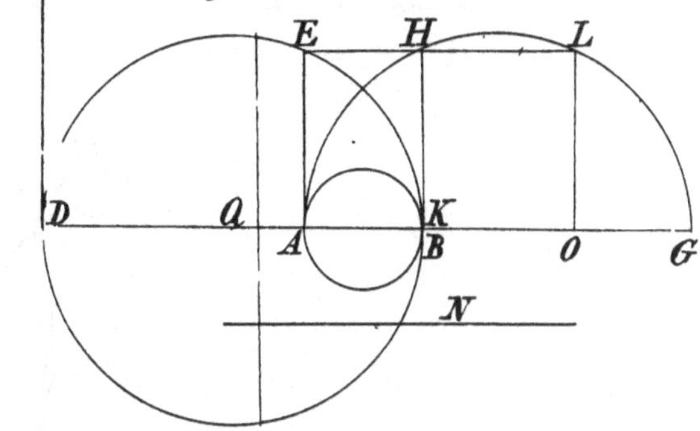


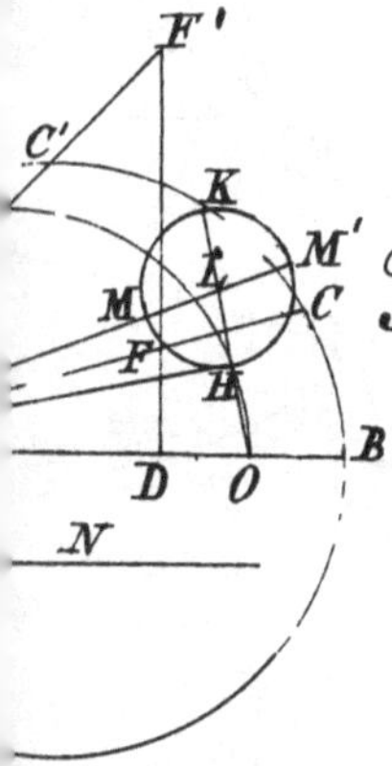


Fig. 16.

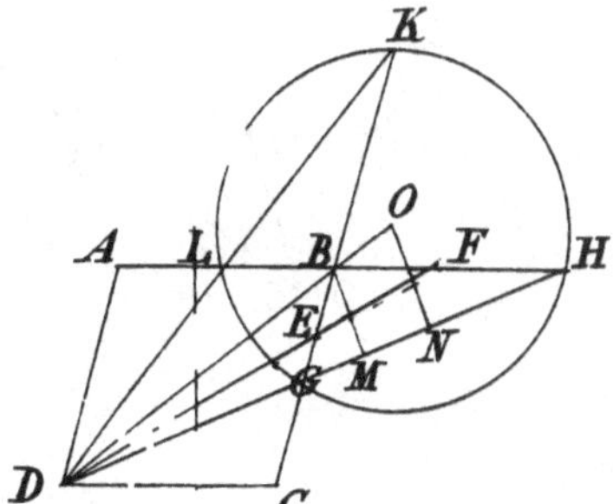


Fig. 17.

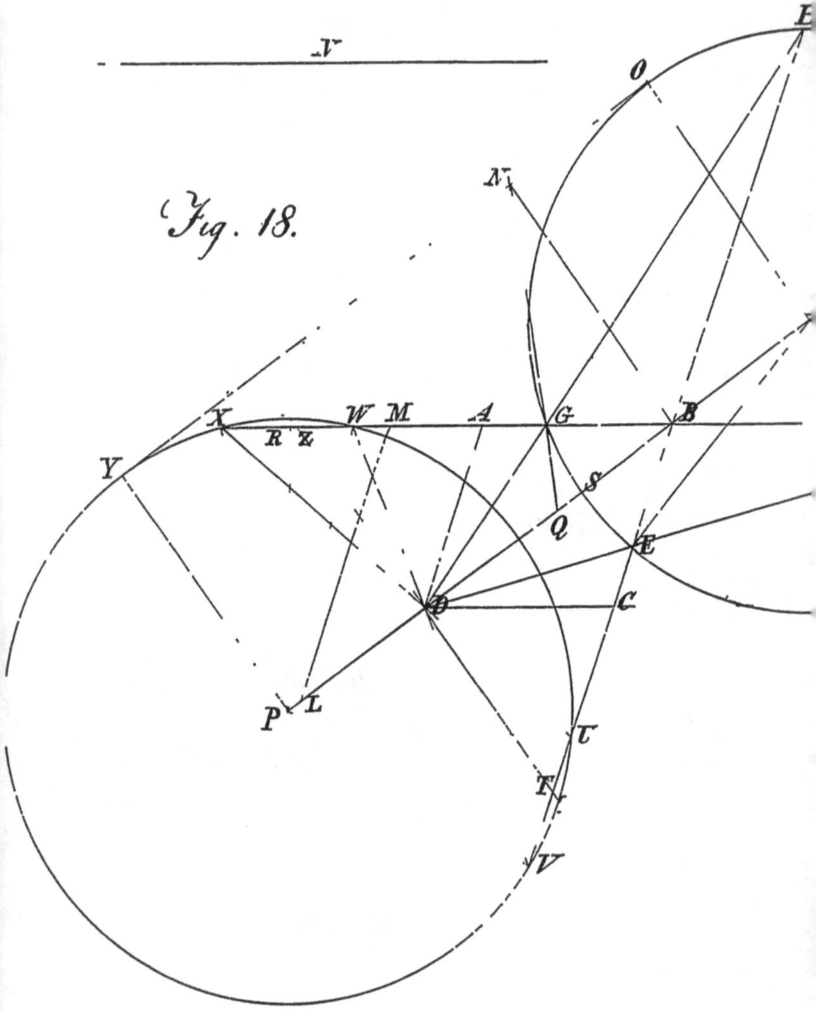

N
O
N
Fig. 18.
X
W
M
A
G
B
R
Z
Y
S
Q
E
D
C
P
L
U
T
V

Tab. III

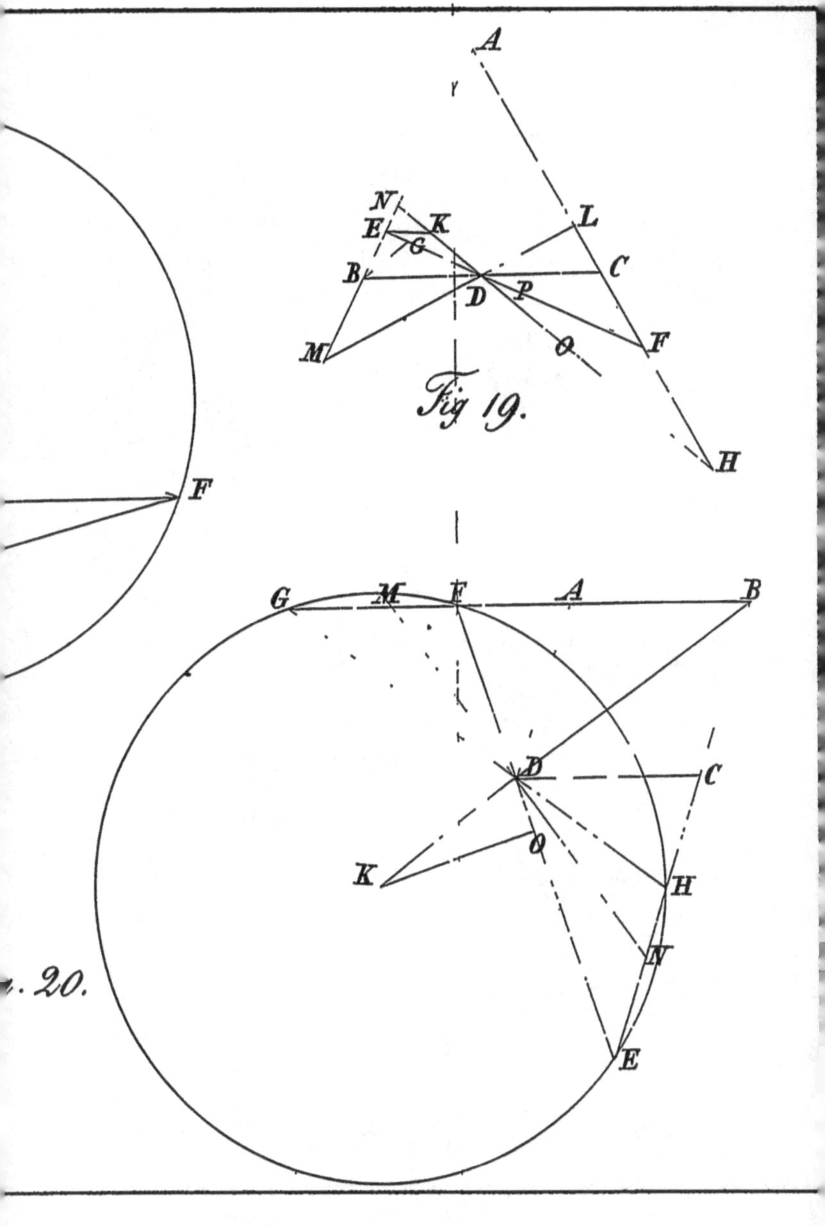


Fig 19.

…. 20.

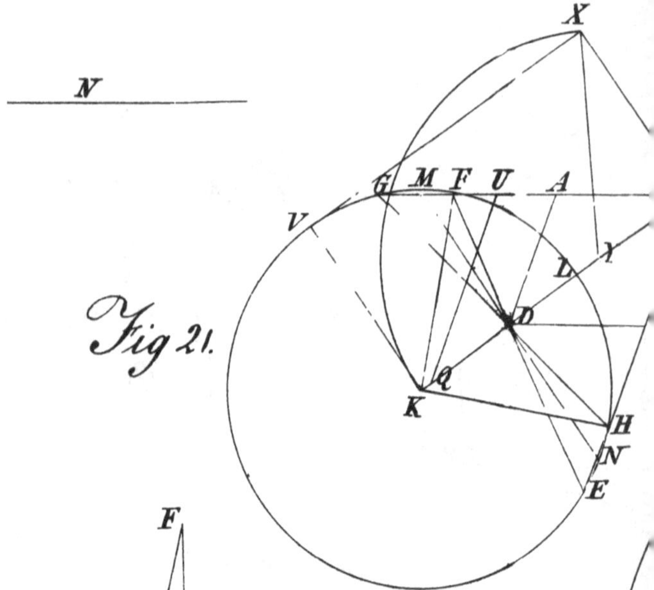


Fig 21.

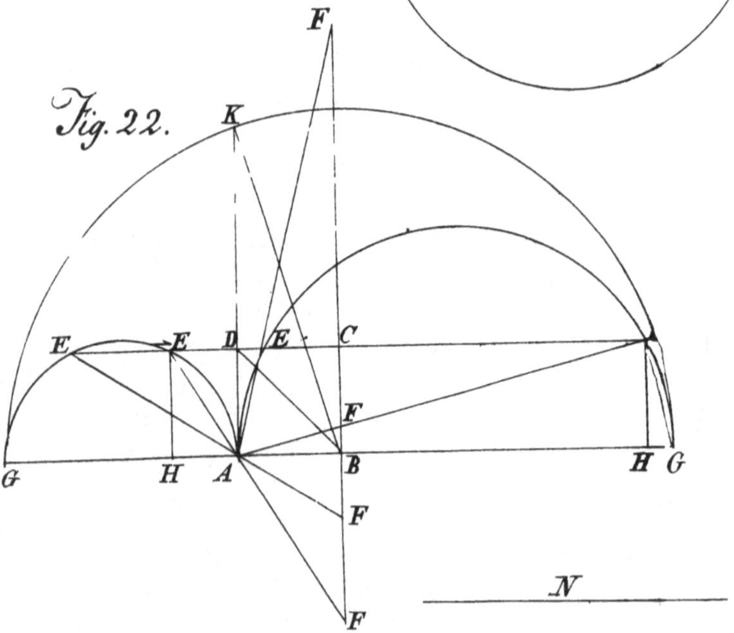


Fig. 22.

Fig. 23.

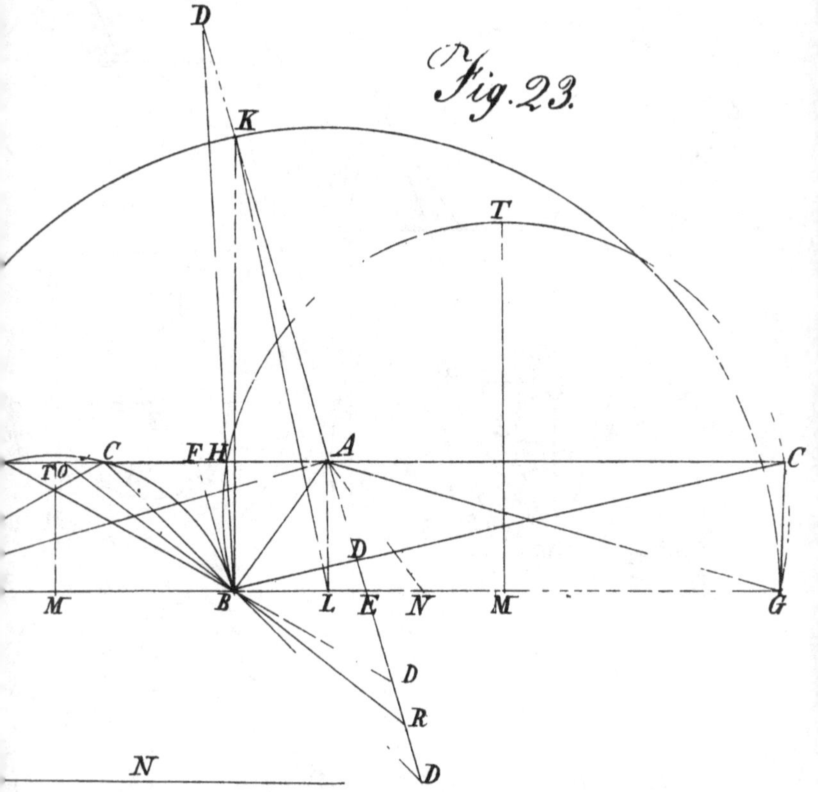

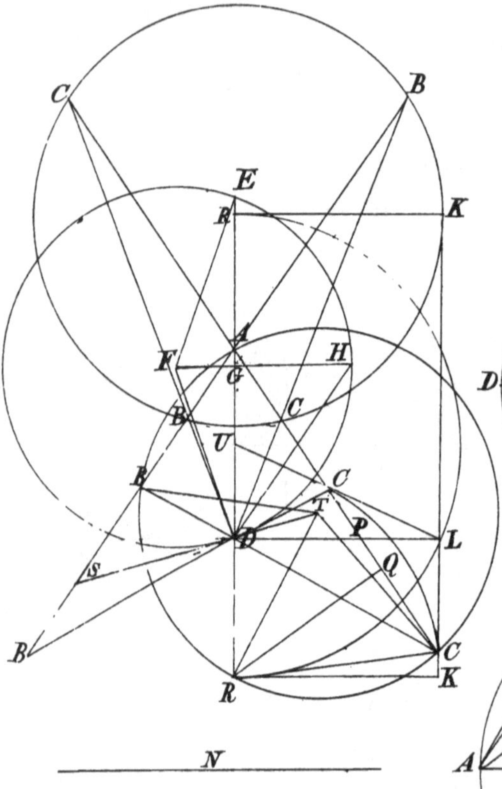


Fig. 24.

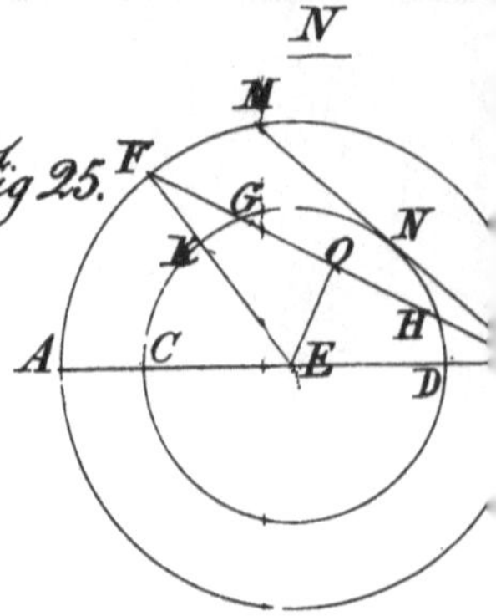


Fig 25.

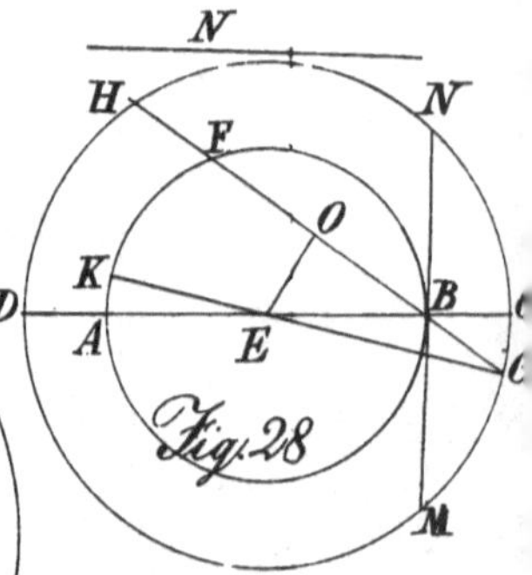


Fig. 28

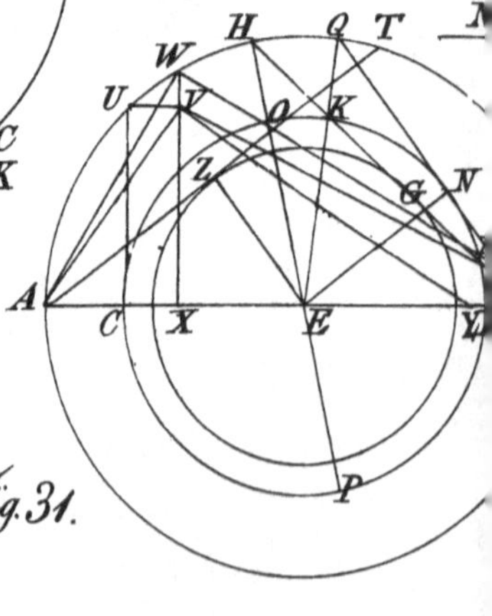


Fig. 31.

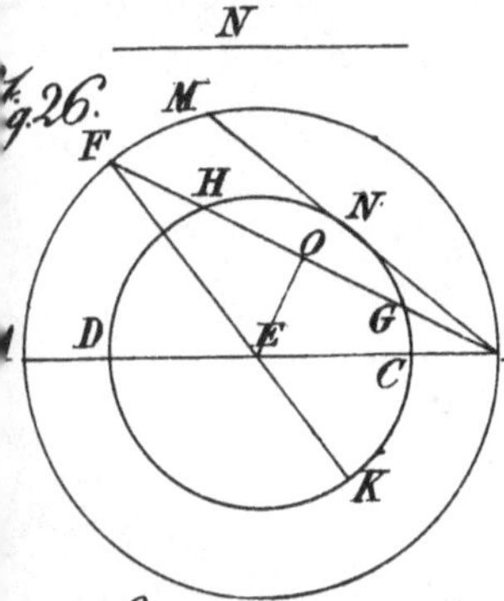


Fig. 26.

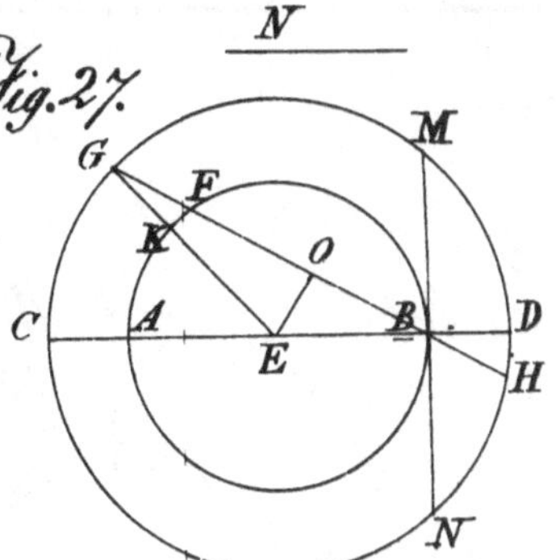


Fig. 27.

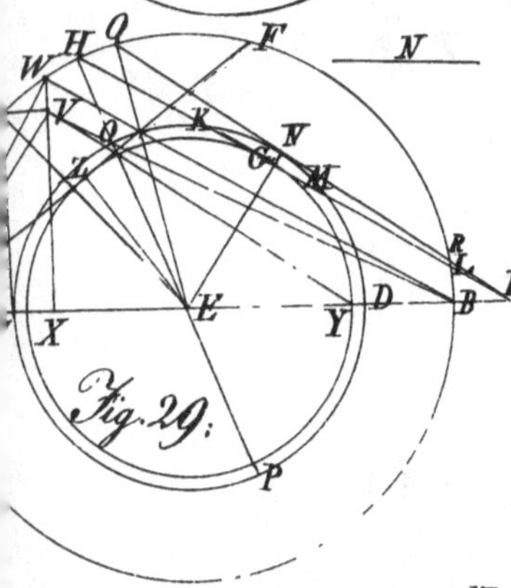


Fig. 29.

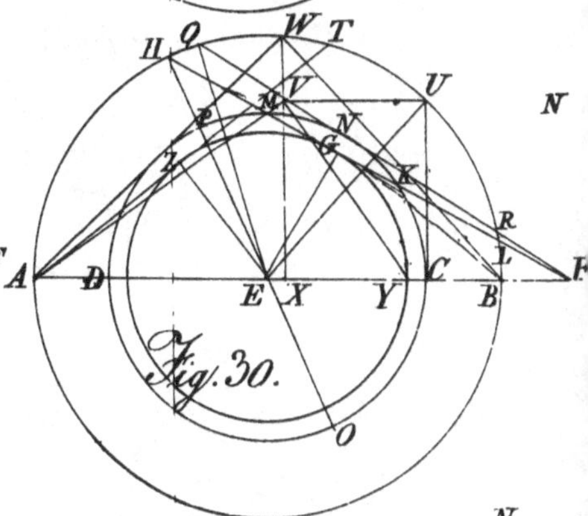


Fig. 30.

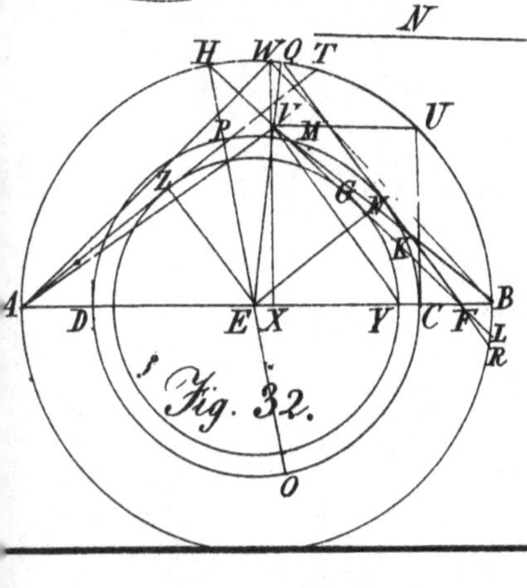


Fig. 32.

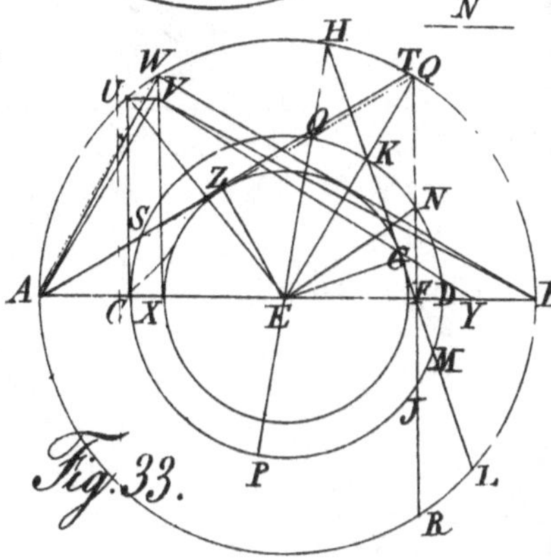


Fig. 33.

Fig. 34.

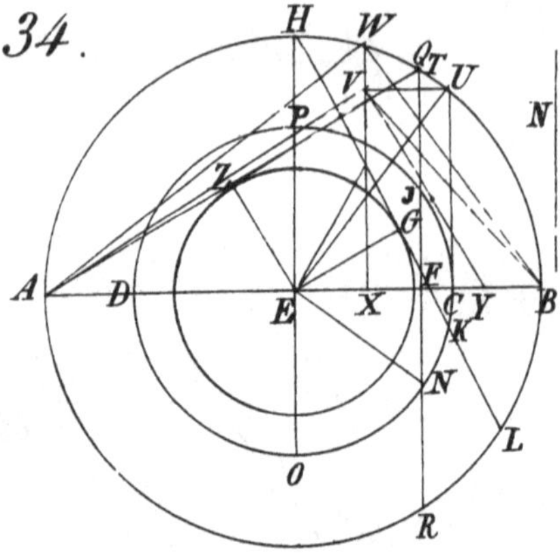


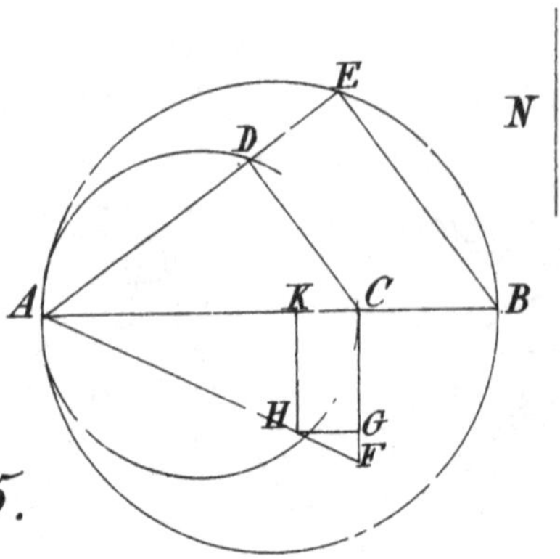


Fig. 35.

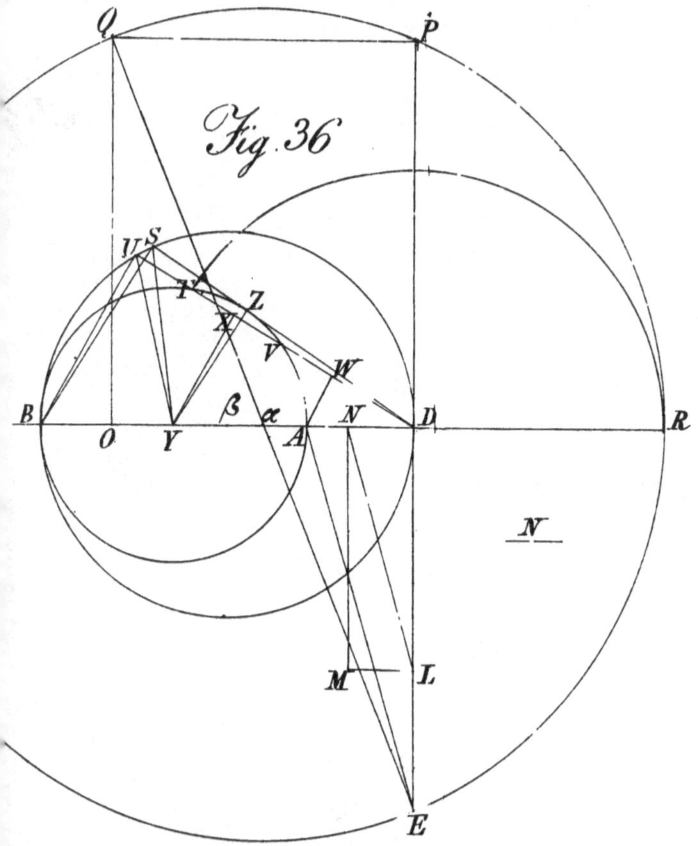
Fig. 36
Q
P
U
S
T
Z
X
V
W
B
O
Y
β
α
A
N
D
R
N
M
L
E

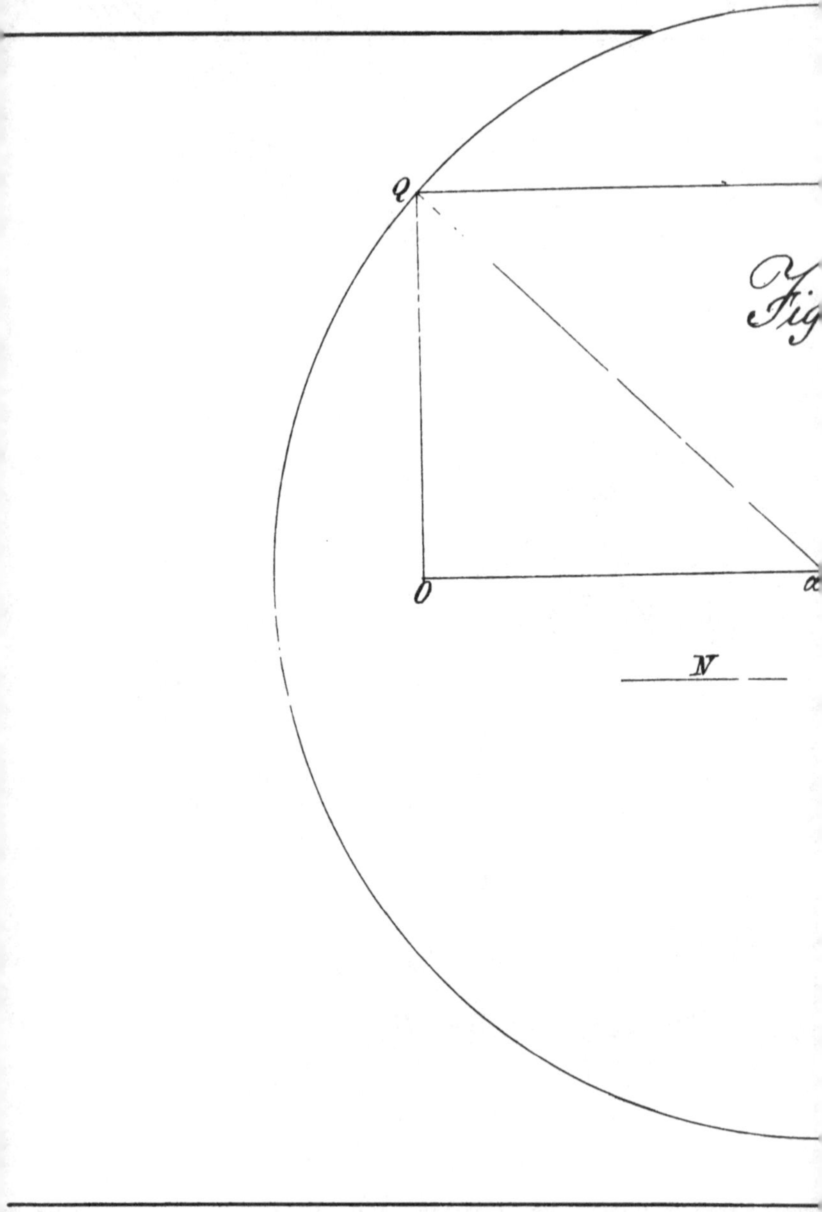

Fig

Tab. VII

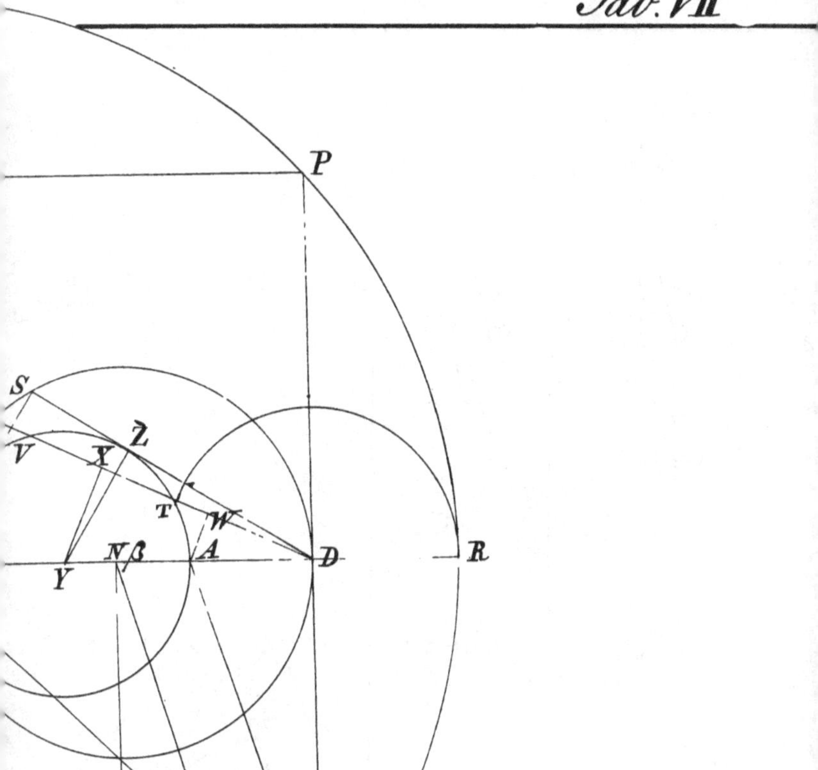

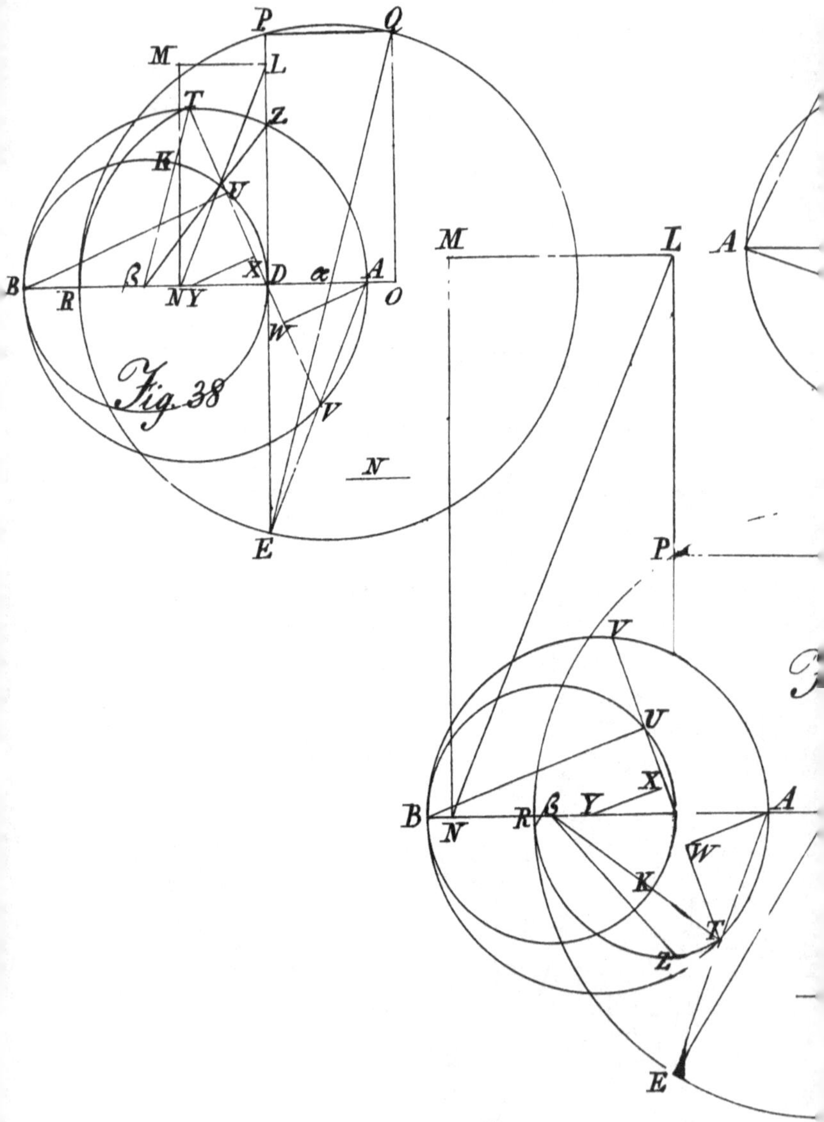

*Fig. 38*

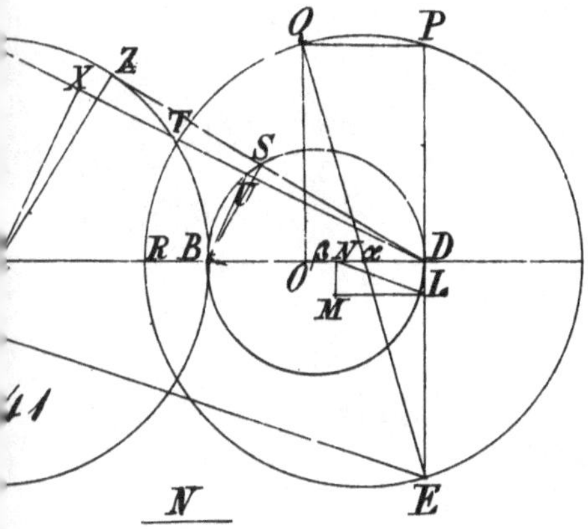


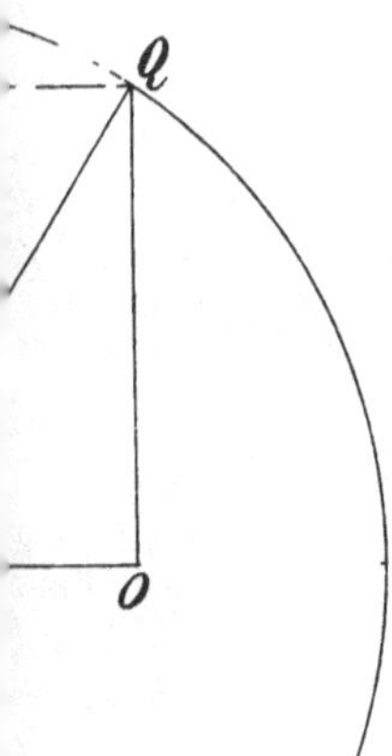


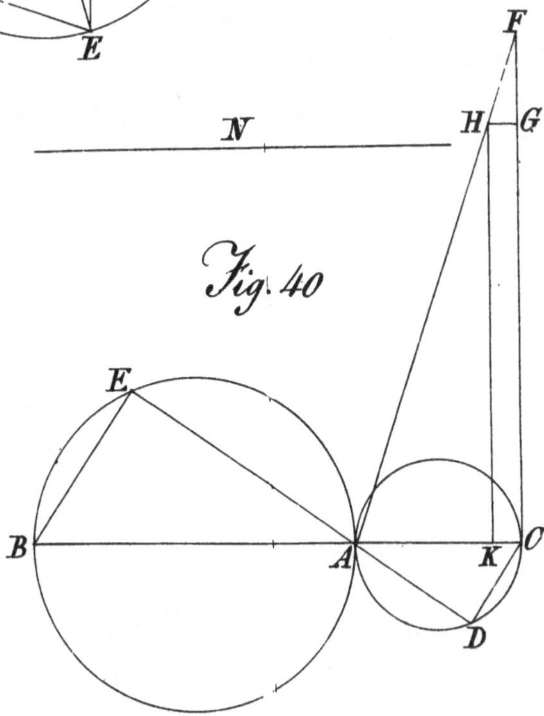


Fig. 40

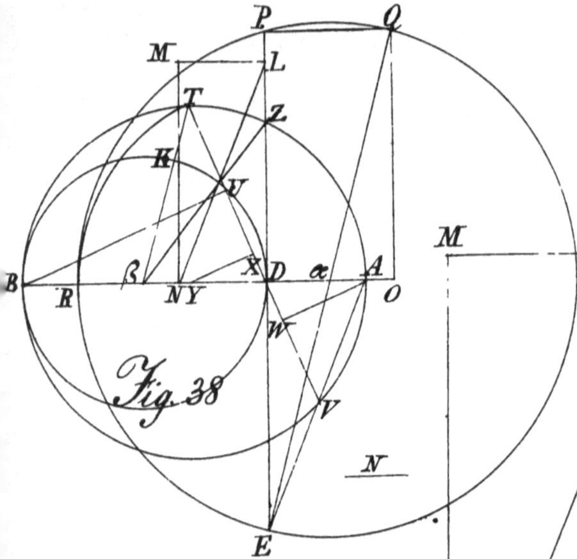

Fig. 38

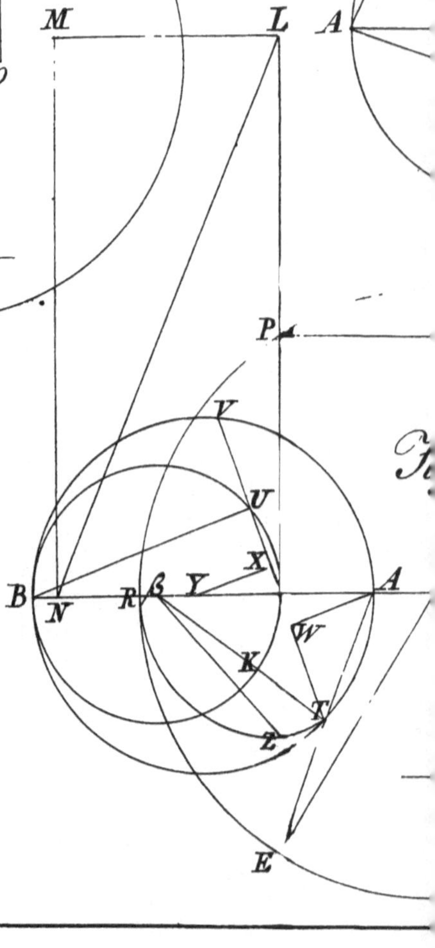

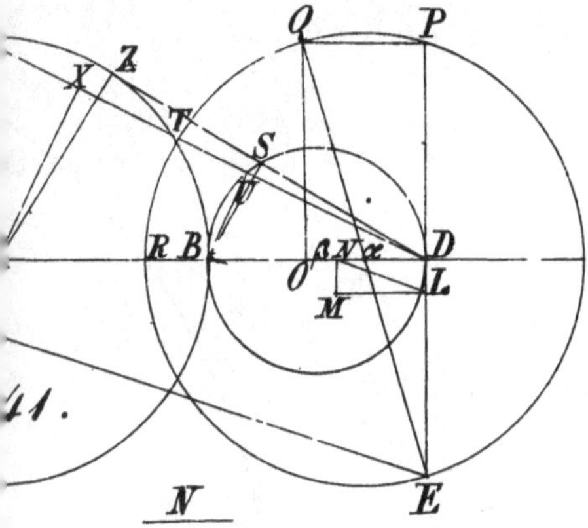


41.

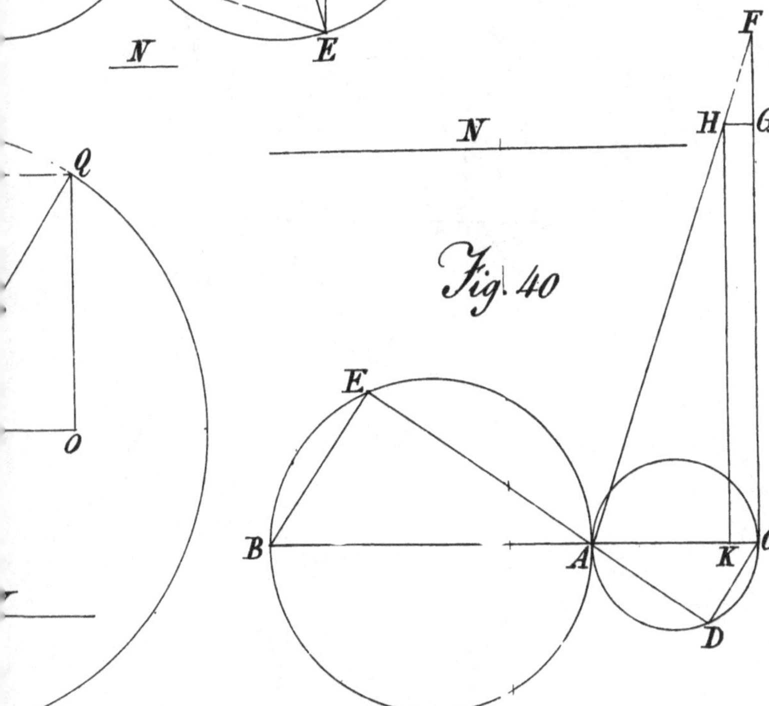


Fig. 40

Fig. 42

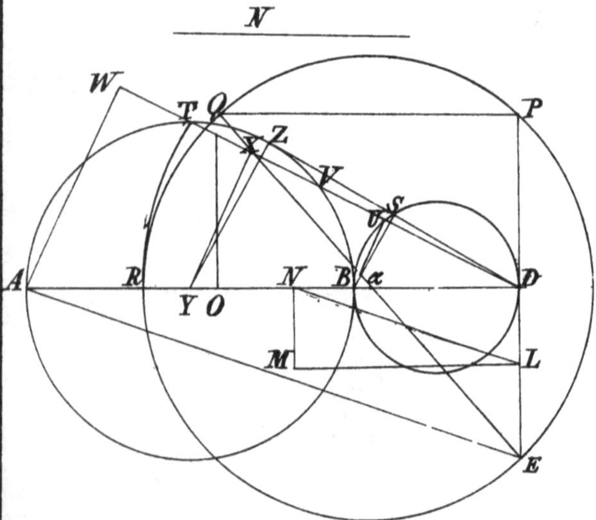

Tab. IX

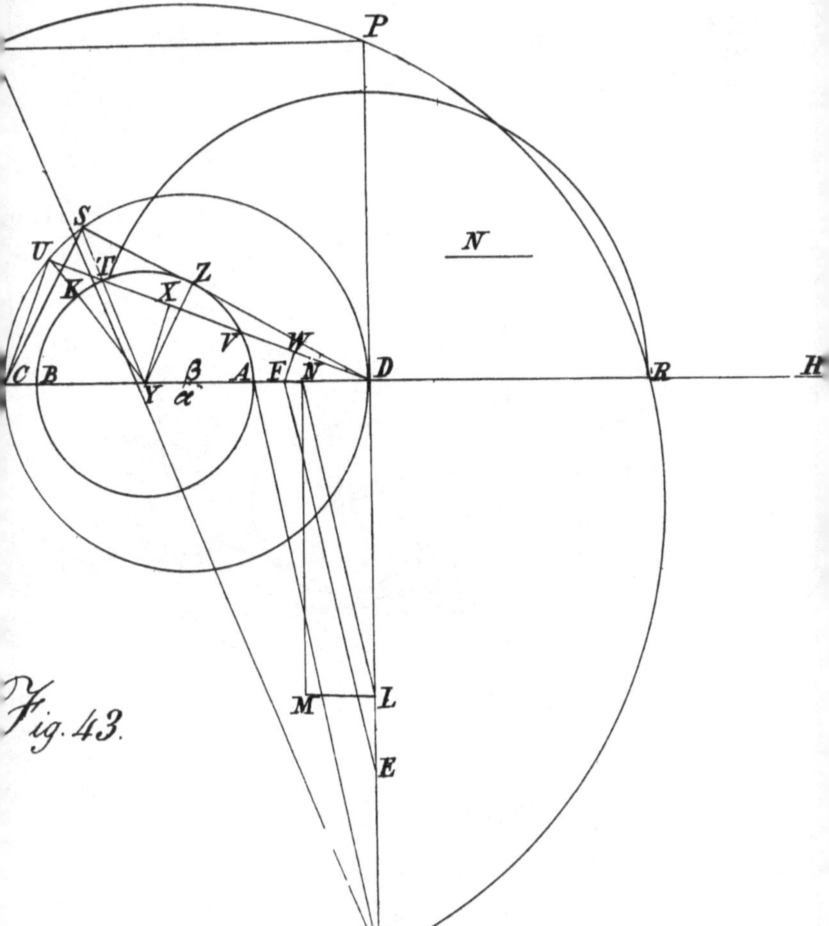


Fig. 43.

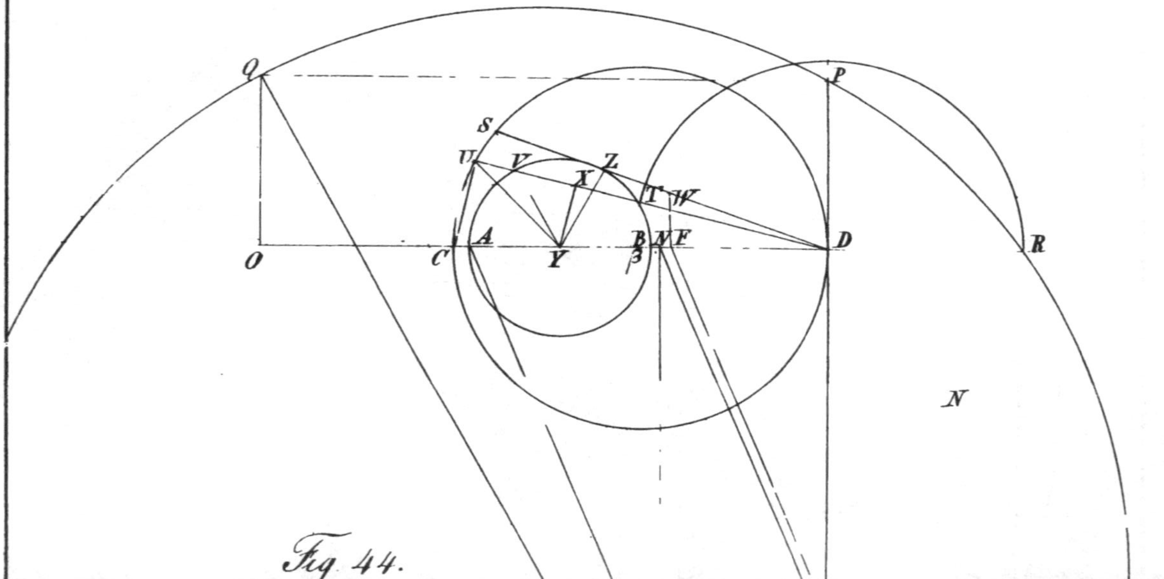


Fig. 44.

Tab. X.

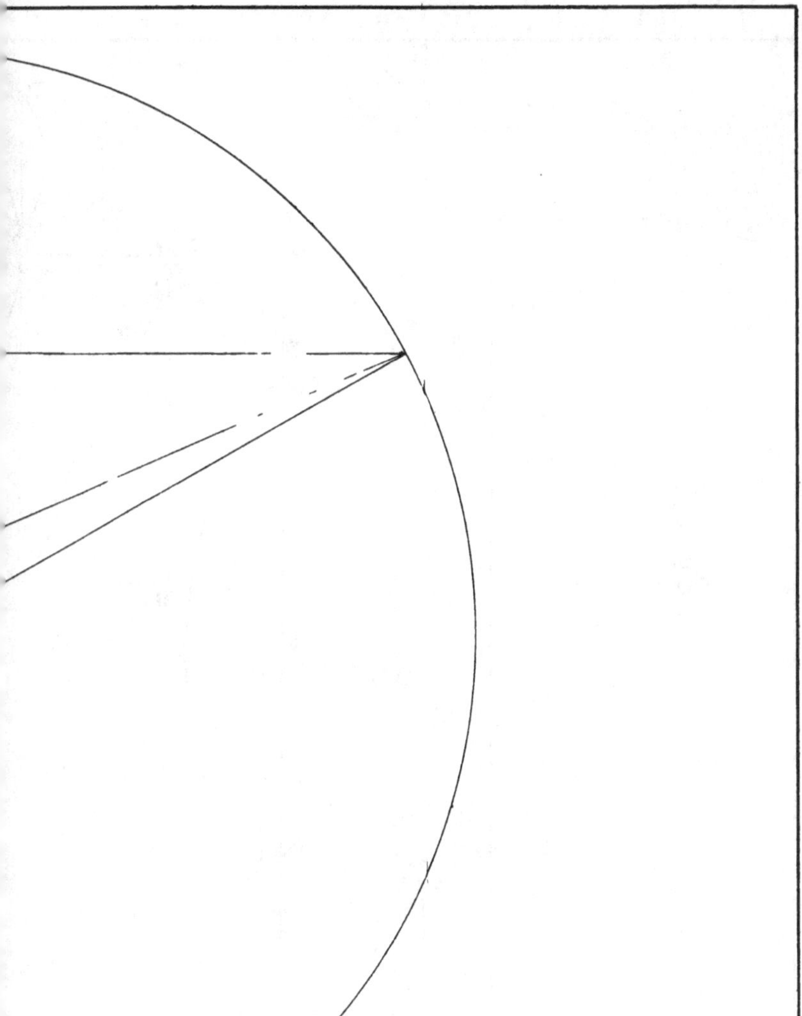

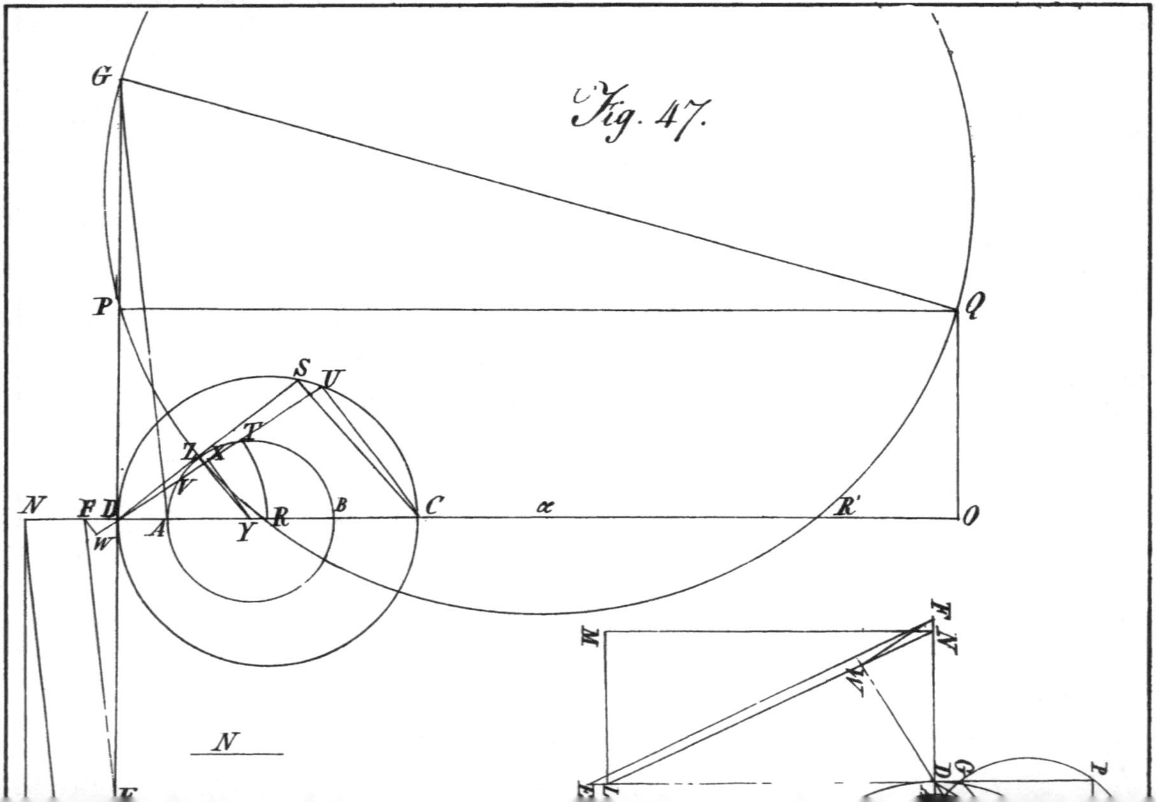

Fig. 47.

Tab. XI.

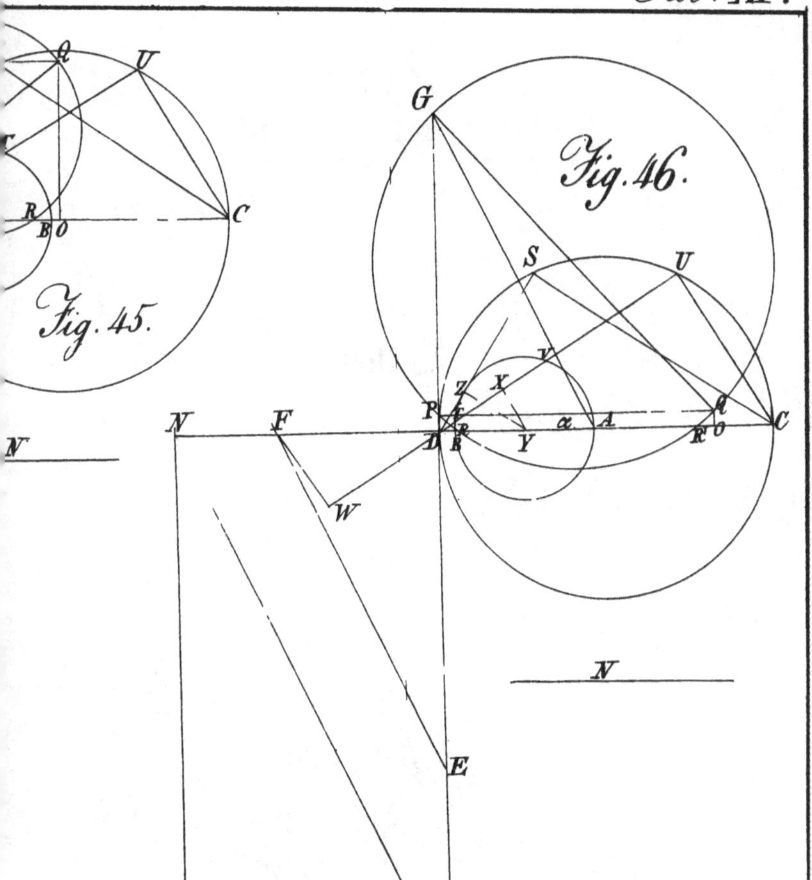


Fig. 45.

Fig. 46.

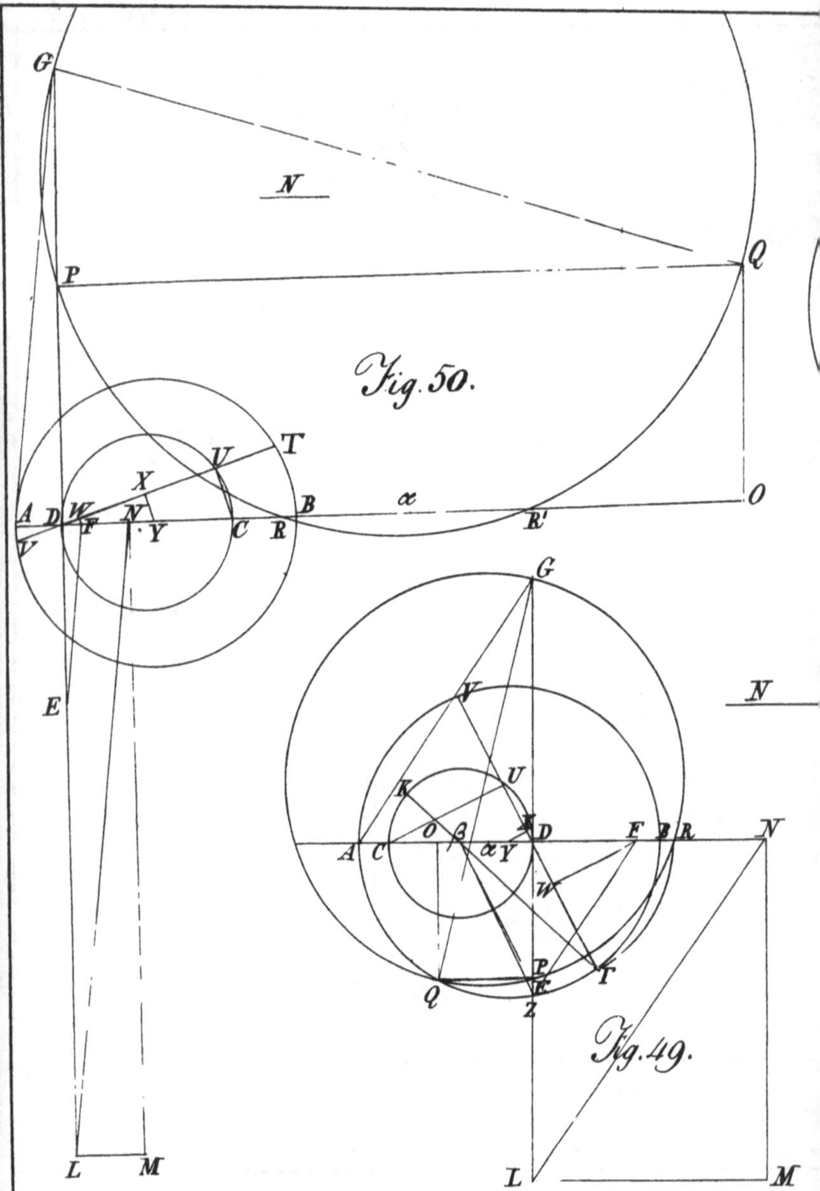

Fig. 50.

Fig. 49.

Tab XII

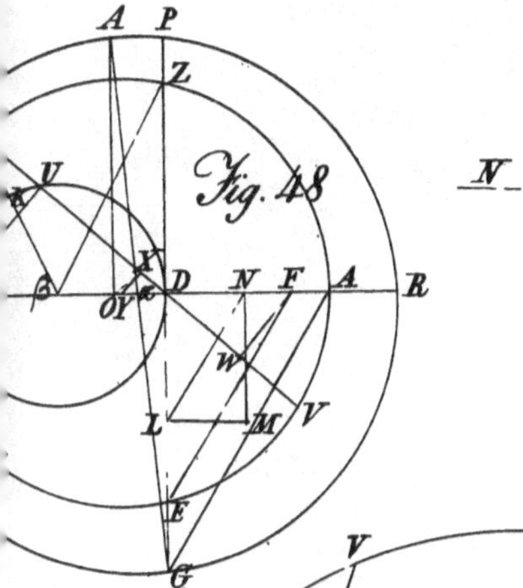


Fig. 48

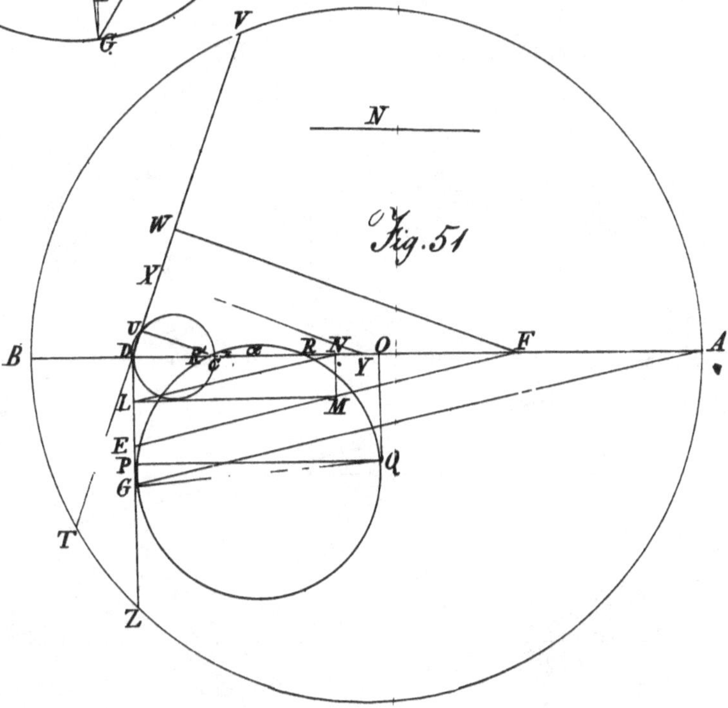


Fig. 51

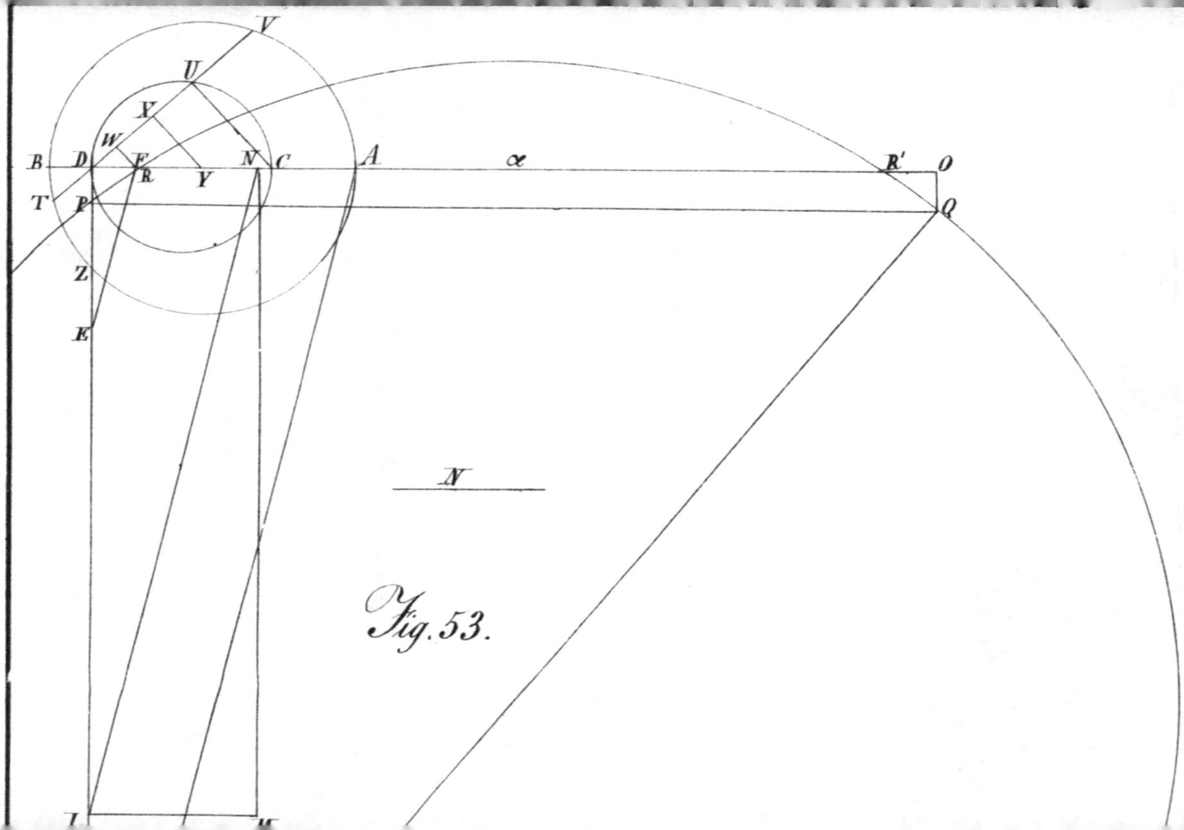


Fig. 53.

Tab. XIII.

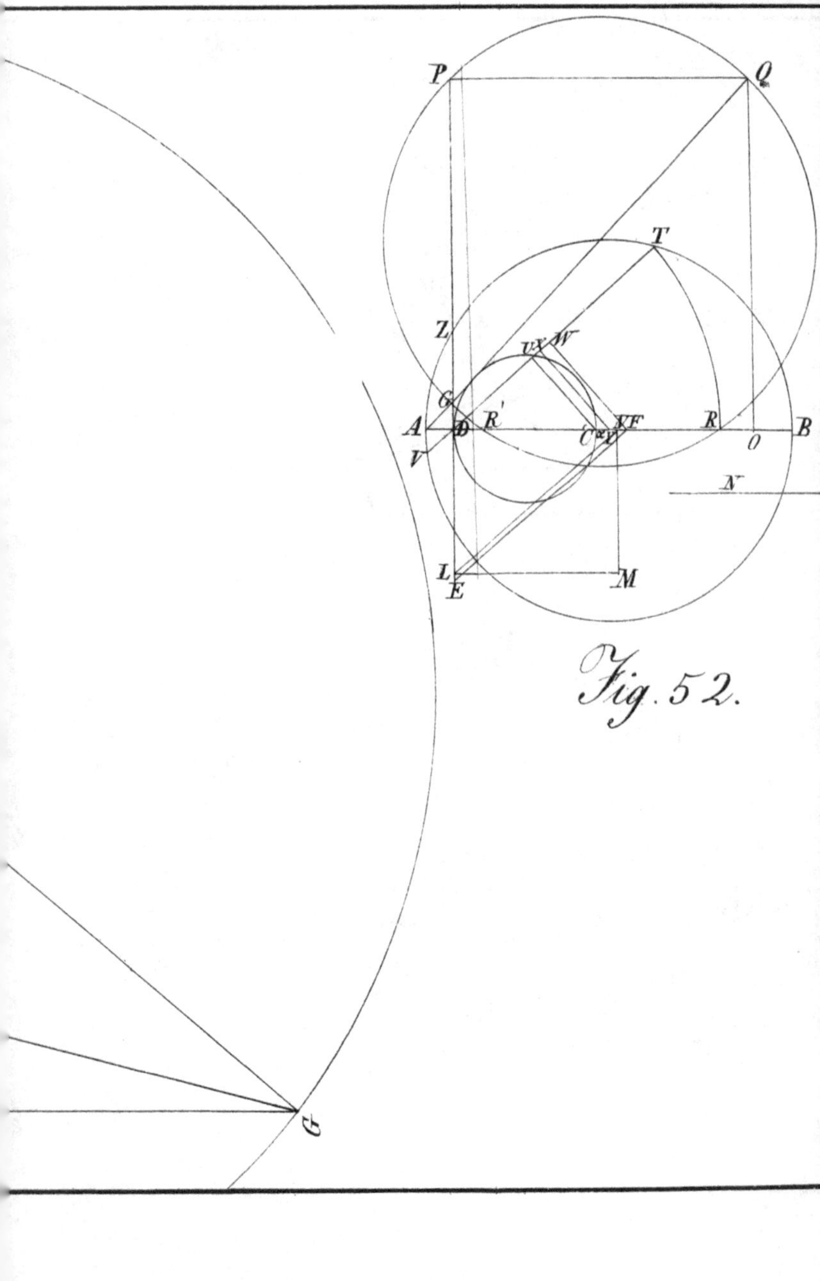


Fig. 52.

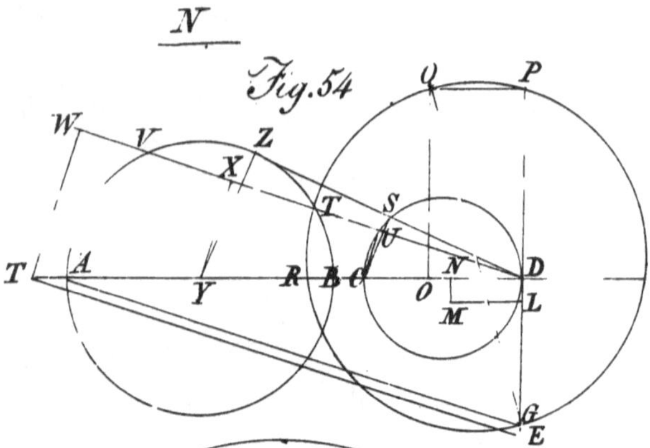


Fig. 54

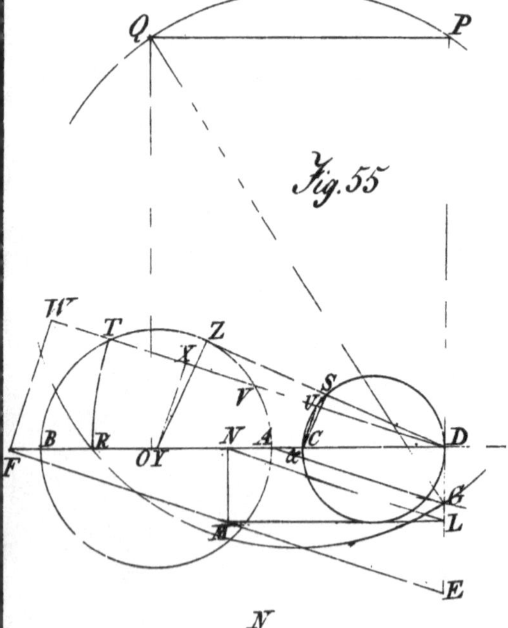


Fig. 55

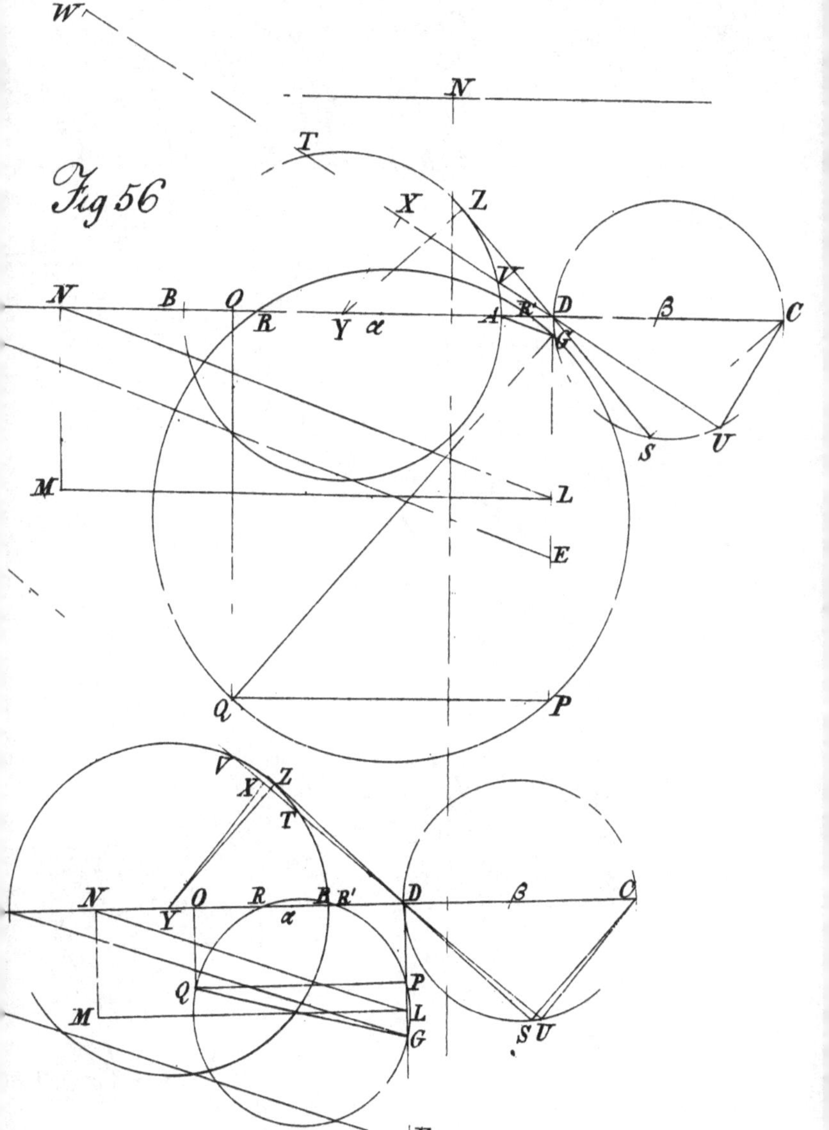
W
N
T
Fig 56
X
Z
V
N
B
O
R
Y
α
A
R'
D
β
C
G
S
U
M
L
E
Q
P
V
X
Z
T
N
Y
O
R
α
B
R'
D
β
C
Q
P
M
L
G
S
U
E

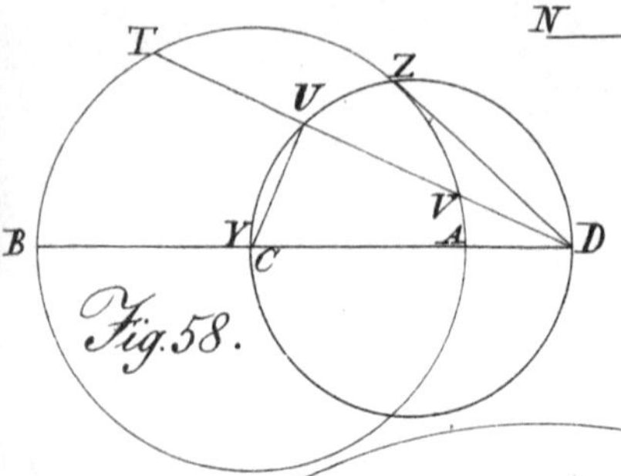

Fig. 58.

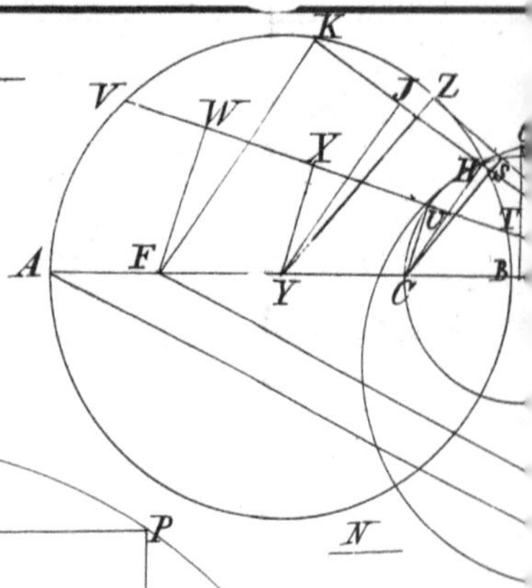


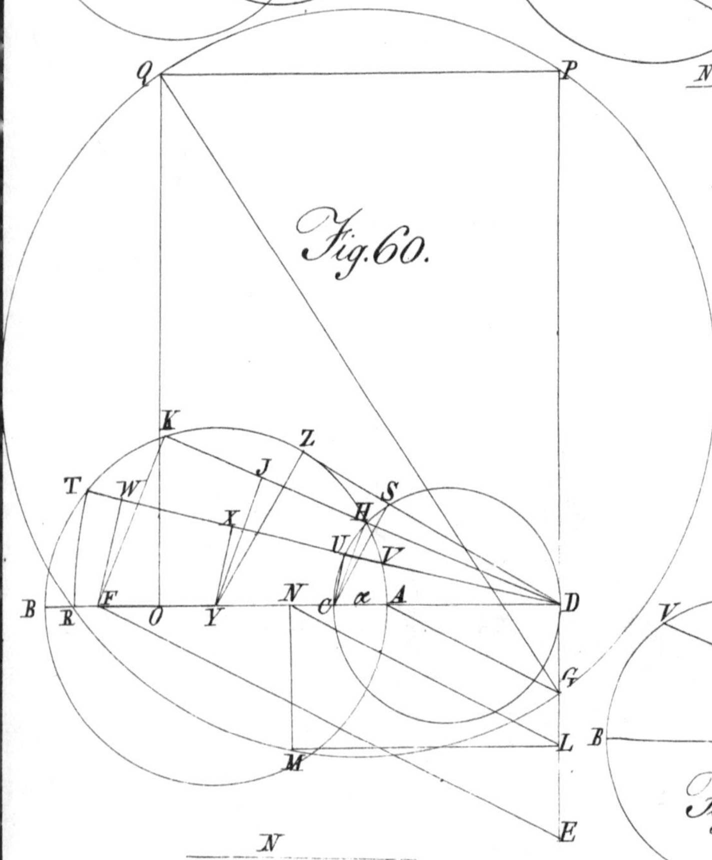

Fig. 60.

Fig. 59.

*Tab. XV.*

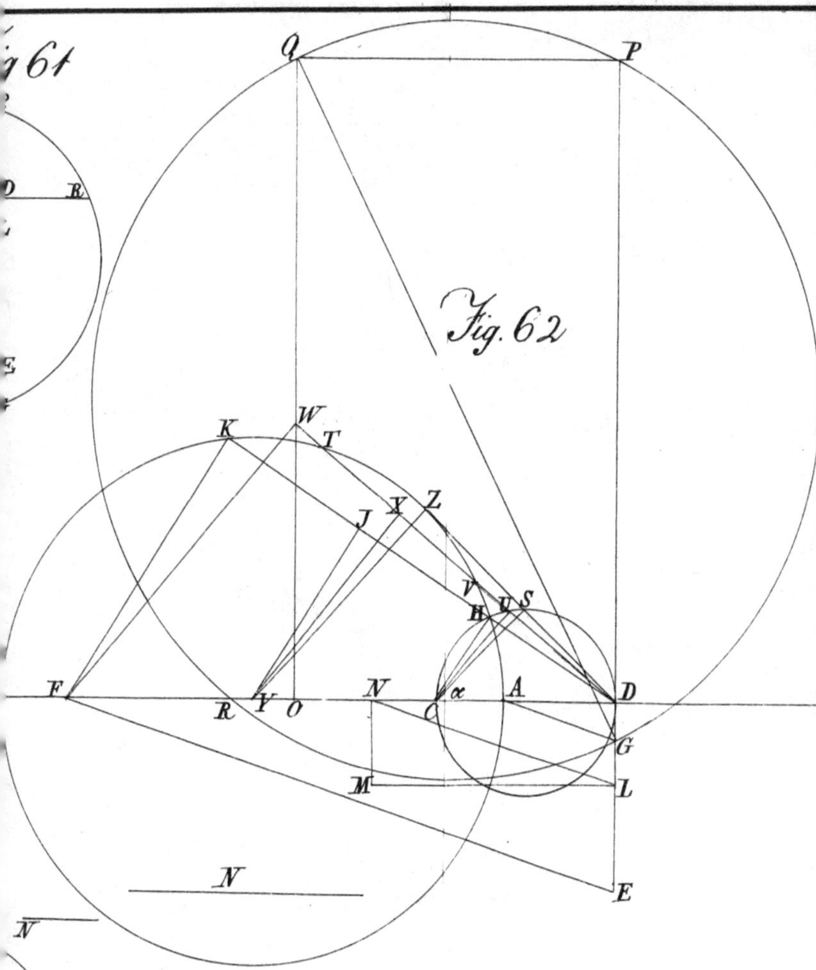


*Fig. 61*

*Fig. 62*

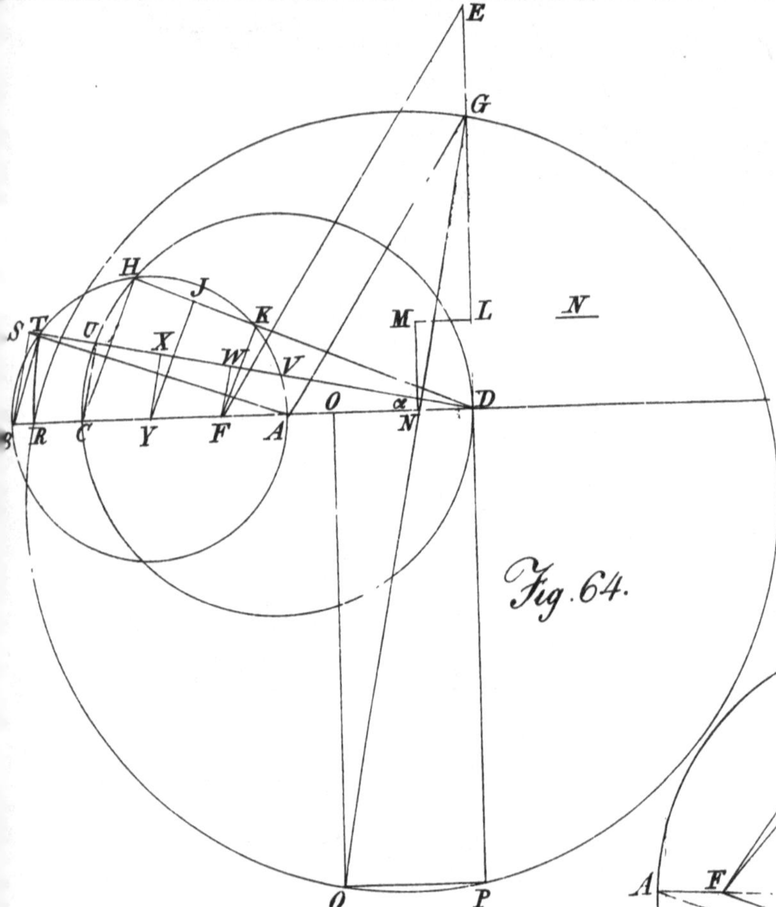


Fig. 64.

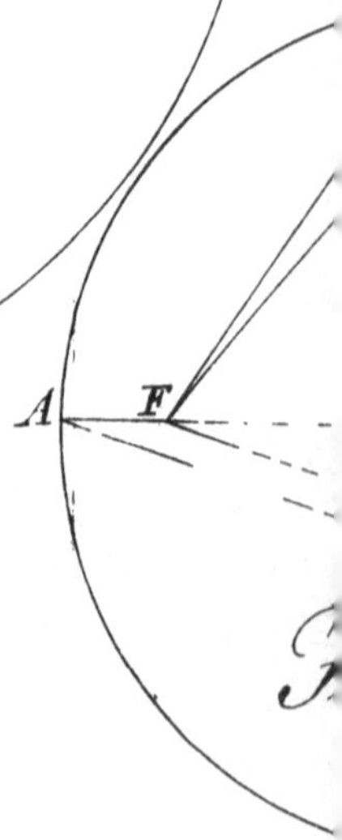

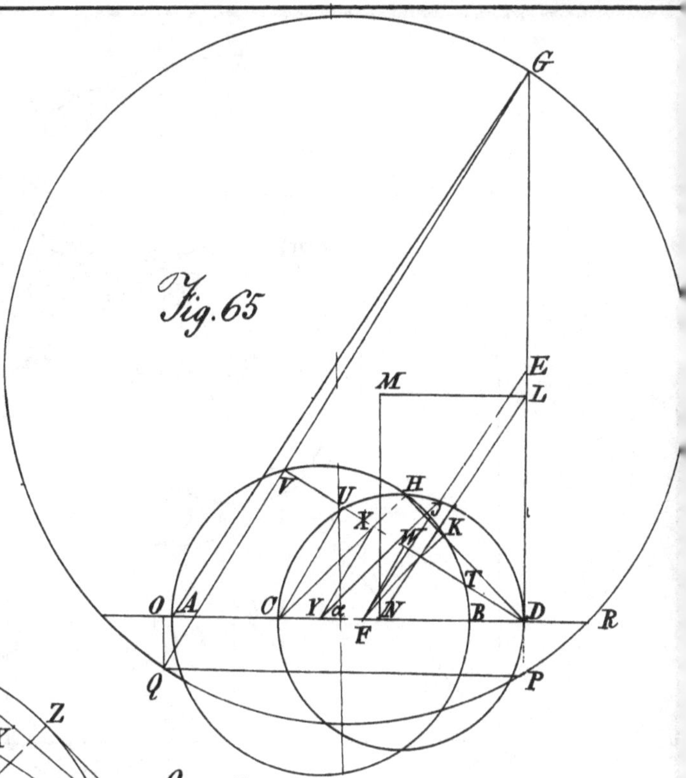


Fig. 65

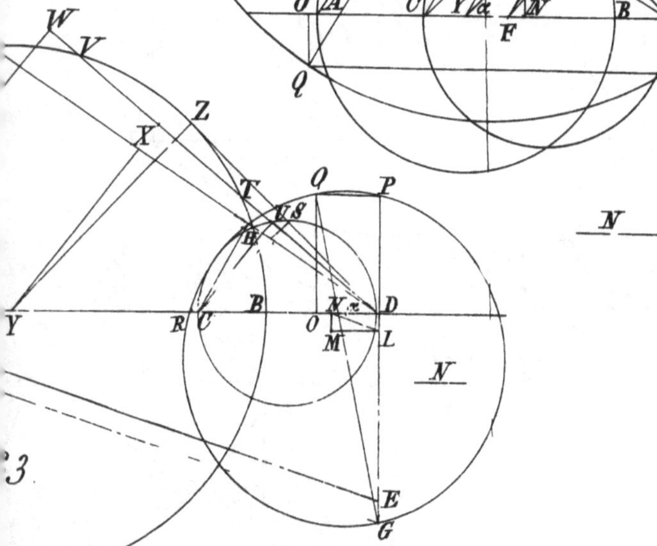


3.

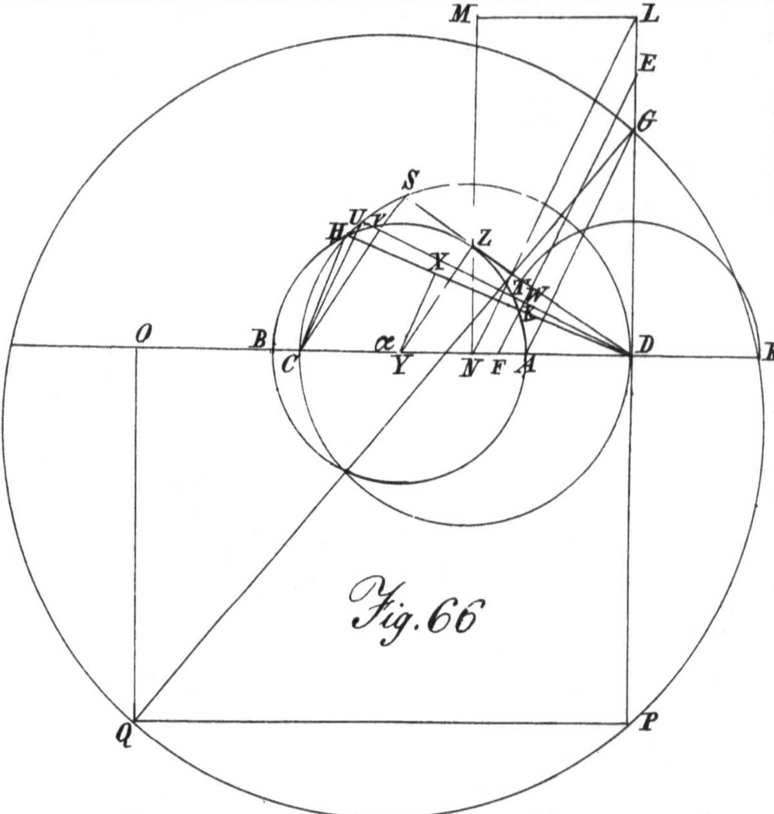


Fig. 66

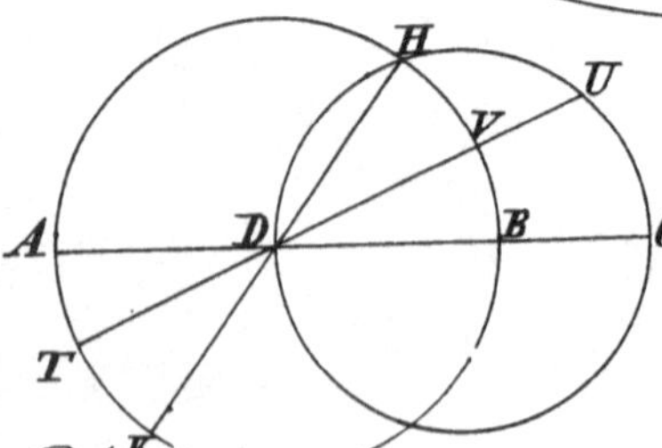


Fig 69

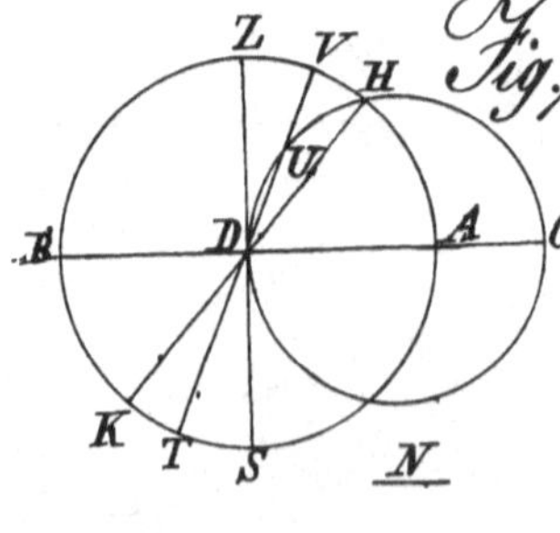


Fig. 70.

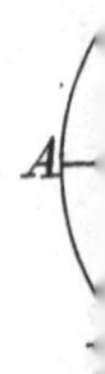

Fig. 68

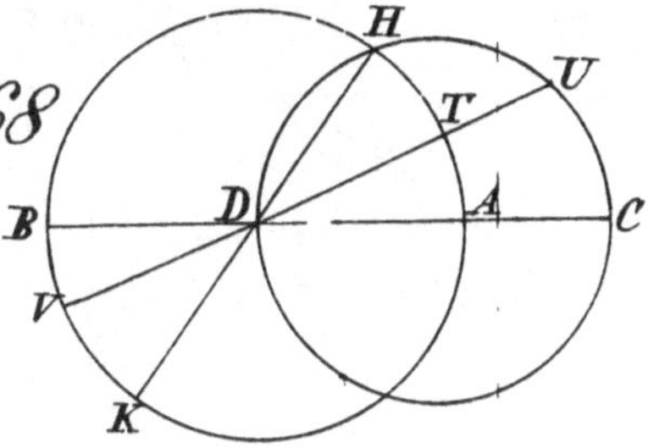


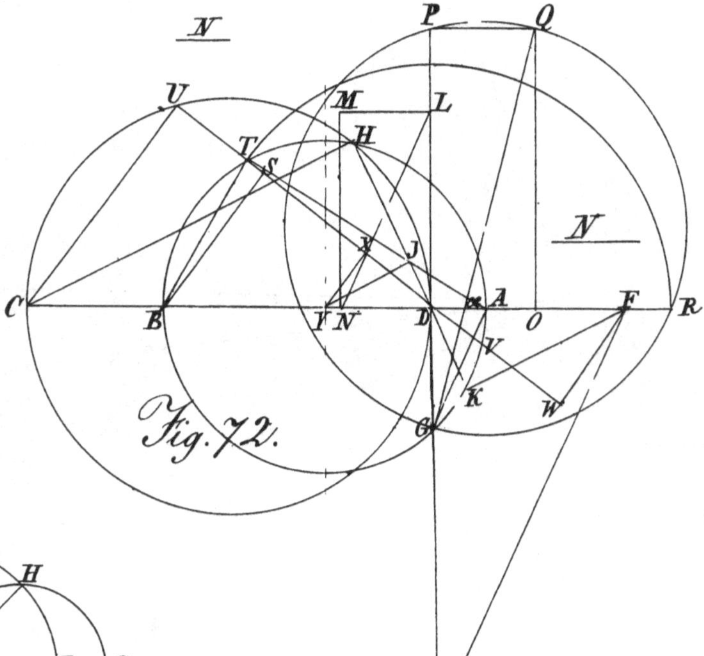


Fig. 72.

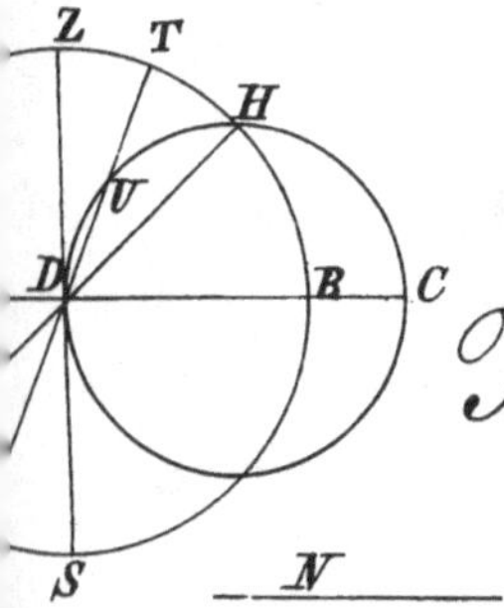


Fig. 71.

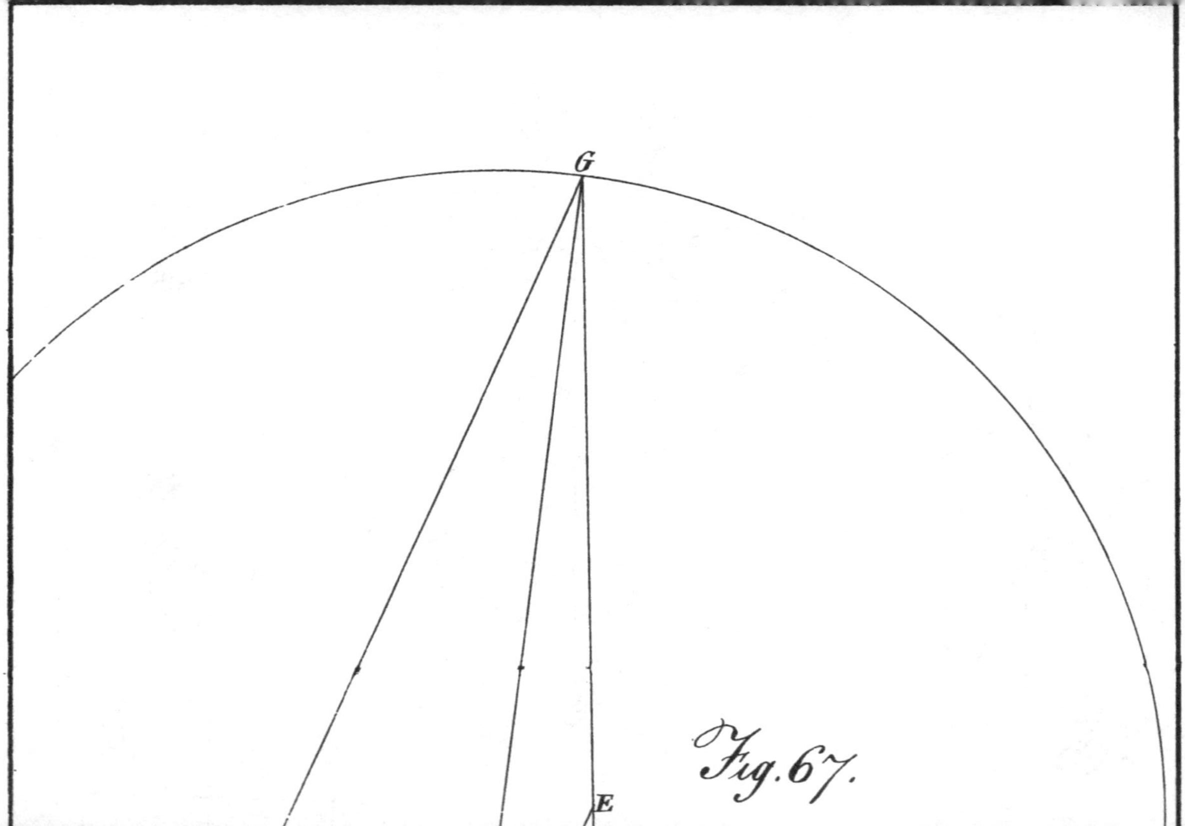


Fig. 67.

Tab. XVIII.

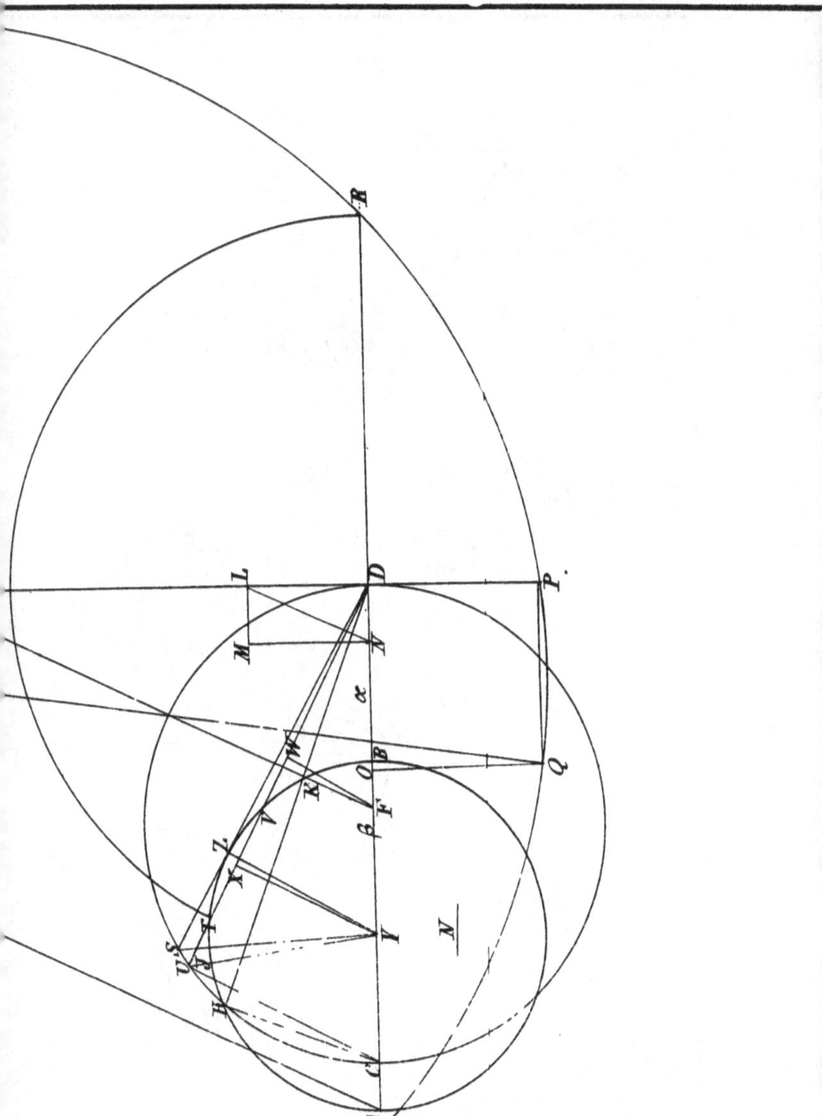

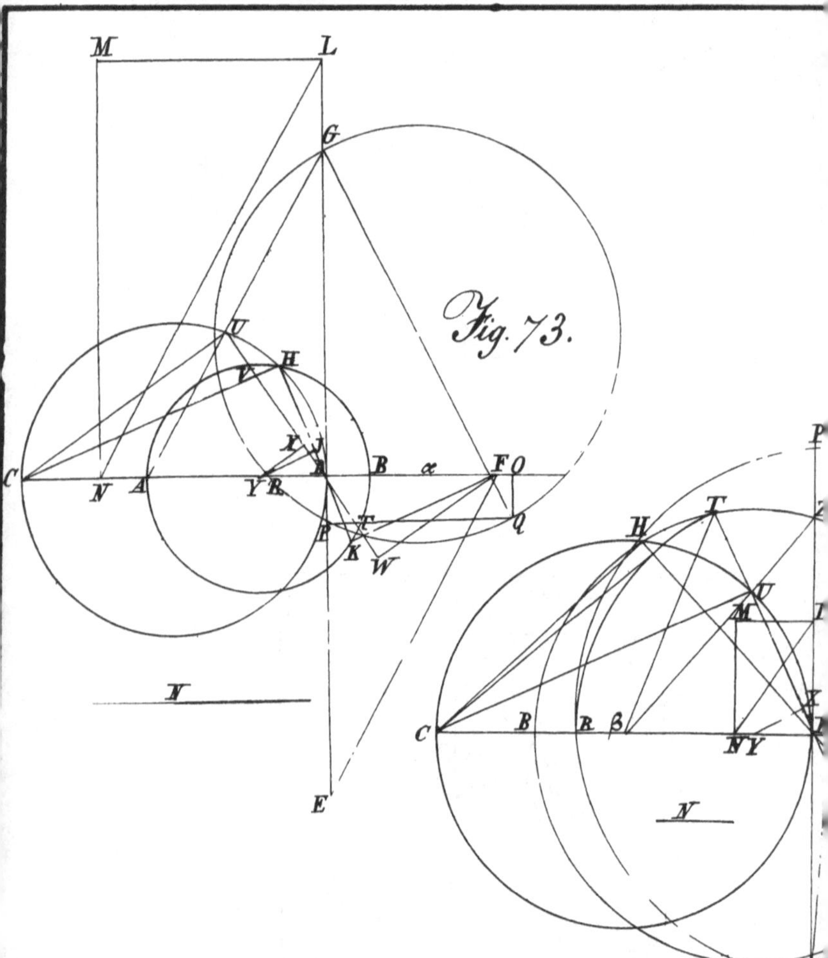


Fig. 73.

Tab. XIX

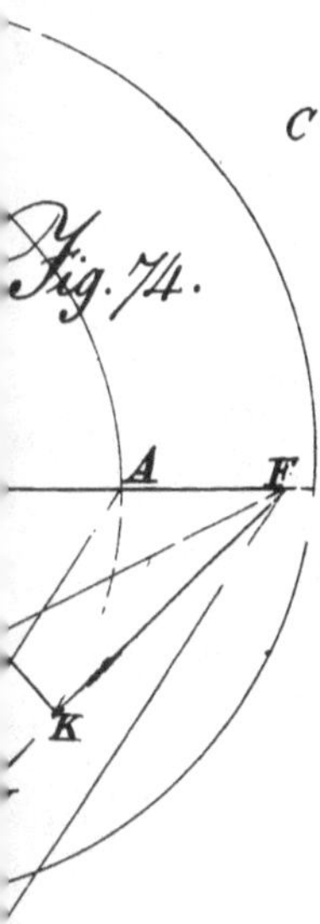

Fig. 74.

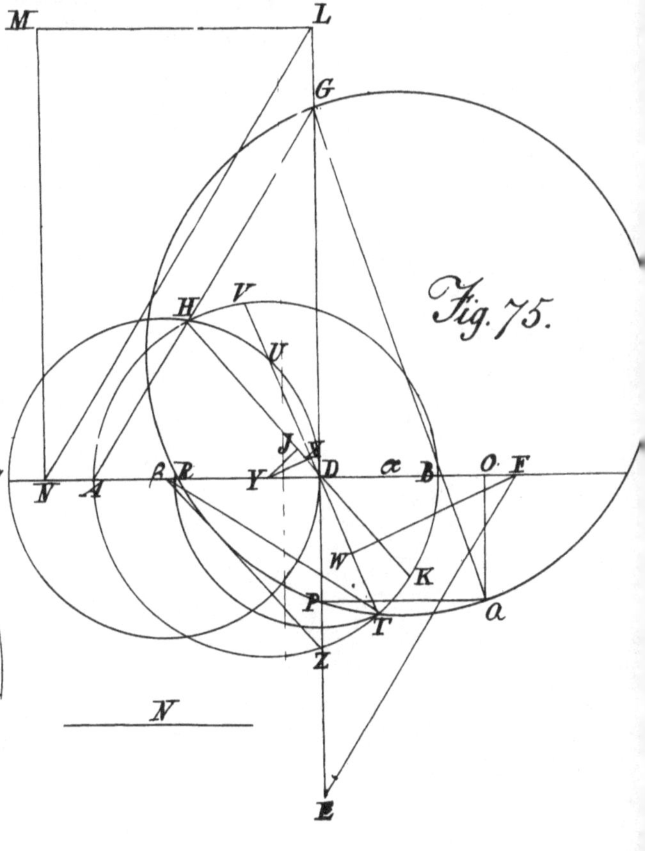

Fig. 75.

MIX
Papier | Fördert gute Waldnutzung
FSC® C083411

Zeitfracht Medien GmbH
Ferdinand-Jühlke-Straße 7
99095 Erfurt, Deutschland
produktsicherheit@kolibri360.de